装修施工实战手册

齐偲 著

江苏凤凰科学技术出版社 · 南京

图书在版编目（CIP）数据

装修施工实战手册 / 齐偲著 . -- 南京 : 江苏凤凰科学技术出版社 , 2024. 6. -- ISBN 978-7-5713-4473-3

Ⅰ . TU767-62

中国国家版本馆 CIP 数据核字第 202479VL15 号

装修施工实战手册

著　　者	齐　偲
项目策划	凤凰空间 / 杨　畅
责任编辑	赵　研　刘屹立
特约编辑	杨　畅
出版发行	江苏凤凰科学技术出版社
出版社地址	南京市湖南路 1 号 A 楼，邮编：210009
出版社网址	http：//www.pspress.cn
总 经 销	天津凤凰空间文化传媒有限公司
总经销网址	http：//www.ifengspace.cn
印　　刷	北京博海升彩色印刷有限公司
开　　本	710 mm × 1000 mm　1/16
印　　张	10
字　　数	163 000
版　　次	2024 年 6 月第 1 版
印　　次	2024 年 6 月第 1 次印刷
标准书号	ISBN　978-7-5713-4473-3
定　　价	79.80 元

图书如有印装质量问题，可随时向销售部调换（电话：022-87893668）。

前言

最初的打算是写一本覆盖面很广的设计施工类的综合性书籍，经过反复思考，还是决定将书籍定位为入门级。原因很简单，当下进阶类设计书籍浩如烟海，我个人并不认为自己理解的内容能比肩国内外一流设计师。更重要的是，现在设计入门的书籍虽多，但很多都是模版式、填鸭式内容，对初学者真正了解行业、融入岗位帮助甚微。初学者最需要的恰恰是个人设计思想的构建，以及如何快速地了解行业并制定职业规划、确立目标。

故此，本书从行业出发，再具象到设计实践基础，阐述其中的核心逻辑，最后渗透其变化过程与未来走势，以期让初学者尽快入门，养成属于自己的设计思维。

当然，正因为是入门级书籍，所以必须考虑内容的可接受程度。这就导致书中许多概念并未完全展开叙述，也有部分地方为其他概念让出篇幅，稍显概括。针对这些问题，个人考虑为书籍拥有者出一套系列视频或直播内容，作为书中内容的拓展与补充，同时考虑进行周期性更新，尽可能地让书籍拥有更长久的参考价值。

风格解析部分并没有具象到任何一种风格。主要原因是哪一种风格都不是寥寥几字可以表述完的，如果用“搭积木”的方式教授拼凑风格，是不负责任的。风格的核心其实是文化的神韵，早些年我偏爱现代感、未来感的装饰风格，而现在却偏爱中式、法式这种有主流文化支撑的泛风格。这种改变似乎是潜移默化的，但我并不认为是随年龄增长而改变，更多的是我曾多次提到的“文化复兴”。

最后，感谢在此次设计交流与本书创作过程中给予支持的前辈、朋友和施工师傅：许卓（空间设计师）、宋美萱（空间设计师）、许宏伟（空间设计师）、孙静（软装设计师）、葛章驰（暖通设计师）、张英博（深化设计师）、李慧铭（灯光设计师）、陆彦斌（施工工长）、武圣杰（木工工长）、齐世忠（高级电工）、张振盛（高级电工），以及董兴、杨国材、王庆力、周强等。

感谢父亲齐岳臣多年来的教诲，感谢编辑杨畅的沟通支持，感谢每一位业主的信任，感恩给我启示与成长的委托项目，感谢线上及社群内粉丝朋友的支持。

齐偲

目录

第五章 空间尺度与布置逻辑

第六章 室内设计的搭配原则

第一章

设计工作分析

本章通过设计工作流程、设计类软件简述两方面来细化设计岗位，为初涉行业的设计者提供职业发展路线参考。同时也让准备装修的业主对整个行业有更全面的了解，避免因设计需求与实际情况的不匹配而导致后续一系列问题的出现。

第一节　设计工作流程

设计是一项系统的工作，有一套标准化的流程，如图 1-1 所示。因为软装这一环节在整体的设计流程中较为重要，且难以剥离，所以单独列为一项。而木作设计可以从整个设计流程中剥离出来，由第三方木作设计师负责，甚至在很多现实项目中是被省略或合并的，所以图中并未展示。而设计深化的开始时间虽然排在效果呈现之后，但在实际应用中，设计深化在方案设计的时候就已经着手准备了。如图 1-2 所示，从“原始结构”到“成活（尺寸标注）”便是在方案设计的阶段确定的，而剩下的部分则是在效果呈现之后进行补全的。

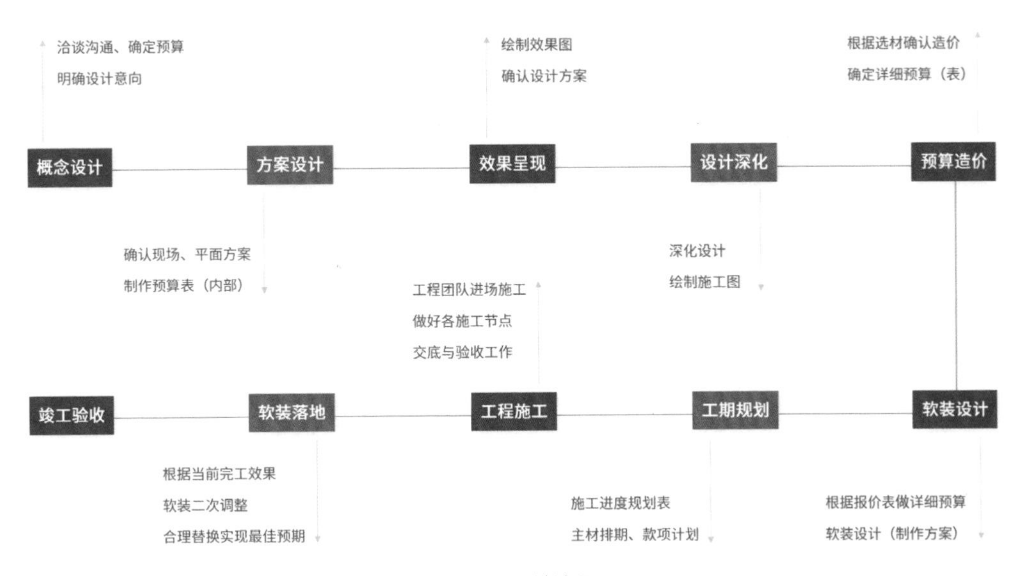

图 1-1　设计流程

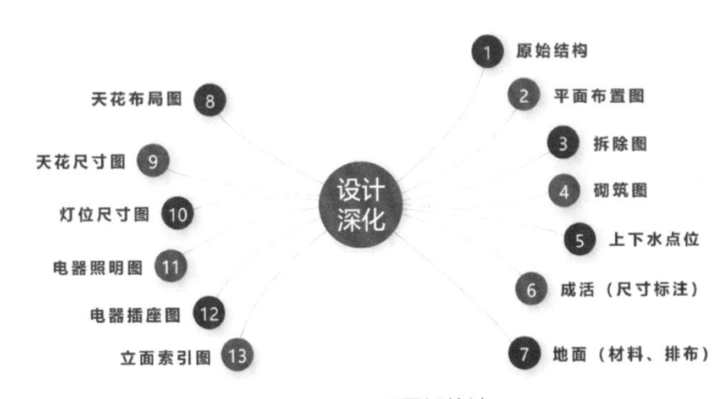

图 1-2　平面图纸统计

第二节　设计类软件简述

软件是设计者的重要工具，它可以帮助降低设计者的时间成本。

目前设计类软件种类繁多，每个软件都有自己的分类、优劣（表 1-1），应根据个人的条件，选择自己擅长的软件类型，力求专精。

表 1-1　设计软件分析

分类	名称	优势	劣势
平面类	AutoCAD	降低设计者的时间成本，提升设计精度，方便后期修改	表现力不够
手绘类	Procreate	移动手绘软件，现场绘图较为方便	设计精度不够，后期修改方案时尺寸有出入
模板类	酷家乐	成本低、入门快	真实性较差，有还原难度
	美间（软装）		
草图类	SketchUp	简单、高效	精度差
效果类	3Ds Max	精细、美观	成本高

设计师应尽早考虑自身的设计倾向问题。因为不同的设计倾向会需要不同的软件搭配（表 1-2），不是每一位设计师都能全面发展，所以与其花费心思补齐短板，不如集中精力加强自身优势，使自己在众多的设计从业者中脱颖而出。

表 1-2　设计软件搭配参考

设计倾向	软件搭配参考	所需资料	说明
偏效率	AutoCAD、酷家乐	预算报价	套餐设计师要“剑走偏锋”，通过价位材料对比建立信任，高效成交
偏平面	AutoCAD、SketchUp	空间划分、人体工程学	这个方向相对较难，前期难以看到水平，但上限较高
偏效果	AutoCAD、3Ds Max	建立个人作品集	偏绘图方向，多积累效果图作品，尽早构成个人作品集
偏软装	AutoCAD、美间	建立个人专属软装素材库	偏专项类，建立个人专属素材库，包括但不限于产品品牌、材质产地、效果、价格等
偏洽谈	AutoCAD、Procreate	现场施工类知识储备	表现方式较为传统，对现场把控能力要求较高，可以将预期、设计、实践完美对接，需要丰富的实践知识储备与较强的表达能力
自装业主	酷家乐	预算、材质、颜色	通过酷家乐明确基本的空间关系，而后将重点放在配色与材质的选择上

第二章

装修施工流程与工艺解析

本章主要从施工流程及重点工艺两方面展开，从设计需求到施工细化，再到落地，以实现整个流程的完美闭环。领会本章内容，可以让初学者在较短的时间内掌握“施工服务设计”这个底层逻辑。

第一节　施工前期——设计准备

设计准备的目的是为了设计与施工的结合，而“结合程度”的高低直接影响设计预期。图 2-1 所示是设计准备所涵盖的基本流程。

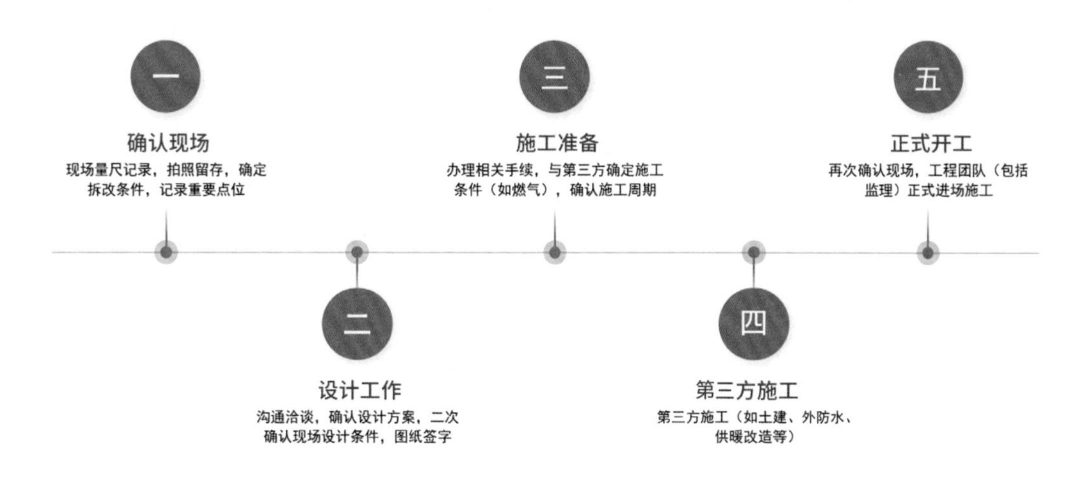

图 2-1　设计准备流程

第二节 施工中期——细化流程，拒绝无用功

本节的重点在于各个工序中的施工节点。比起繁杂的理论与数据，掌握施工节点往往更加实际，这其中也蕴含着设计与施工的深层关系。尺寸与材料的列举是为了更极致的设计，最大程度上减少空间浪费与成本空耗。

基础施工步骤共 20 步，其中部分顺序存在变动或合并处理的可能，需酌情处理：

①土建施工：墙体拆除、墙体砌筑、地下室外墙做防水等。

②外窗更换。

③下水改造：安装无压管道、空间预留等。

④供热改造：位置预留。

⑤施工进场：正式开工、成品保护。

⑥二次拆砌：室内施工团队施工。

⑦水电施工。

⑧循环通风：新风系统、中央空调安装。

⑨瓦工施工。

⑩木工施工。

⑪油工施工。

⑫主材施工。

⑬照明安装。

⑭洁具安装。

⑮电器安装。

⑯家具进场。

⑰场地清洁。

⑱软装陈设。

⑲二次清洁。

⑳竣工验收。

一、墙体工程

（一）墙体的功能分类

墙体是空间的重要组成部分，拆除与砌筑在整体设计流程中同样至关重要。拆除是为了提升空间设计的可能性，而砌筑则是为了获得空间设计预期。这是破而后立的过程，在这个过程中，我们需要根据实际情况来选择适合的墙体（表 2-1）。

表 2-1　墙体功能分析

墙体种类	功能	说明
隔断墙	分隔空间	主要用于分隔空间、提供遮挡、丰富空间层次等（可细化为全隔断、半隔断等）
承重墙	空间承重	竖向负载承重墙体，主要作用为立面支撑
	悬挂承重	作为悬挂式家具以及悬挂设备的承重载体

一般情况下，土建施工的墙体大多起到承重作用，而隔断墙通常留给室内施工团队根据设计要求判断墙体种类，从而进行二次砌筑。除主要功能外，保温、隔声等附加功能也需要考虑，具体取舍同样依托于实际情况。

承重与隔断是室内墙体中最基本的功能分类。但在实际设计中，墙体厚度与强度的权衡以及实现墙体设计预期是更为棘手的问题，需要我们进一步将墙体拆解。

（二）墙体的基本拆解

将墙体进行拆分，分解后的墙体可大致分为三部分：“骨骼”“肌肉”“皮肤”。具体区分如图 2-2 所示。

这样的比喻方便大家理解，骨骼类材料可以提升墙体的强度，单位体积下“骨肉俱全”的墙体具有一定程度的稳定性。但这并不代表骨骼类材料是必需的，在室内设计中，大部分的墙体都是由“肌肉”组成的（图 2-3、表 2-2）。

“骨骼”是加强墙体稳定性的主要部分。楼房建筑中的钢筋骨架，砖墙砌筑中的植筋加固，乡村泥墙中的稻草都可以理解为骨骼。

“肌肉”是墙的主体部分，也可以简单理解为填充部分，这部分是生活中广义理解的墙，它可以离开骨骼与皮肤独立存在。

“皮肤”则是墙体的表层部分，更多时候作为外饰面的基底处理，不同材料的基底处理方式也是不一样的。砖墙外部抹灰面，水泥砂浆、石膏板、欧松板都可以理解为皮肤，但是主材外饰面不在此范围内。

图 2-2　墙体拆解分析

图 2-3　墙体构成材料

表 2-2　墙体构成分析

<table>
<tr><th>墙体</th><th>种类</th><th>材料尺寸 /mm</th><th>施工完成尺寸参考 /mm</th><th>骨骼</th><th>肌肉</th><th>皮肤</th></tr>
<tr><td rowspan="4">砖墙</td><td>九五砖（立砌）</td><td>240×115×53</td><td>70 ~ 100</td><td>植筋挂网</td><td rowspan="4">砖体</td><td rowspan="4">水泥砂浆</td></tr>
<tr><td>九五砖（一二墙）</td><td>240×115×53</td><td>140 ~ 170</td><td>—</td></tr>
<tr><td>空心砖</td><td>390×190×190</td><td>200 ~ 240</td><td>植筋挂网</td></tr>
<tr><td>陶粒砖</td><td>400×200×200</td><td>200 ~ 240</td><td>—</td></tr>
<tr><td rowspan="3">框架墙</td><td>钢架（轻钢龙骨）</td><td>—</td><td>≥ 110</td><td>轻钢龙骨</td><td rowspan="3">填充物</td><td>水泥板、石膏板</td></tr>
<tr><td>钢架（镀锌方管）</td><td>—</td><td>≥ 50</td><td>镀锌方管</td><td>水泥板、石膏板、其他板材</td></tr>
<tr><td>木架</td><td>20×30×4000
30×40×4000
40×40×4000</td><td>≥ 50</td><td>方木</td><td>石膏板、木板、其他板材</td></tr>
</table>

（三）设计实践与注意事项

表 2-3 是施工方法统计。如表中案例一所示，空心墙体加固，一般做法是冲筋挂网，灌浆加固较为少见，质量取决于施工水平；而在案例二中，内部材料填充的施工方法一般用于框架墙，外部材料覆盖的方法一般用于砖混墙体；最后案例三涉及墙体厚度与强度的取舍，需根据现场灵活运用。

表 2-3　施工方法统计

举例	设计要求	方法 1	方法 2
案例一	空心墙体加固	冲筋挂网	灌浆加固
案例二	墙体隔声隔热	内部材料填充	外部材料覆盖
案例三	轻薄墙体	改建框架墙	薄墙植筋

二、隐蔽工程施工

（一）水电管线工程

1. 材料选择

（1）水管

图 2-4 是水管的常用材质。

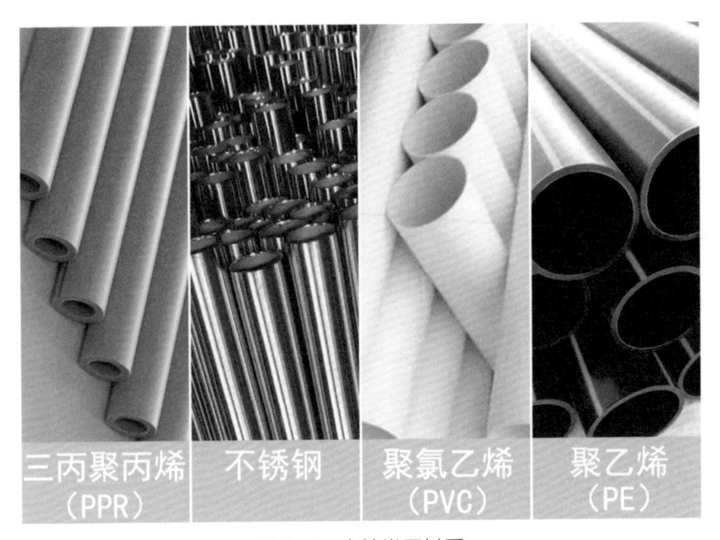

图 2-4 水管常用材质

表 2-4 为常用水管材料规格统计，其中四分管、六分管都是英制单位的管道直径长度的叫法，而公称直径则是其标准化后的重新定义，英制和公制在管道外径方面有所区别。以六分管为例，有的工人或主材商以公称直径为准称其为 20 管，有的则以现场测量外径为准称 25 管。在排水方面，则更倾向于测量外径，以外径尺寸代指规格。

在实际选择中，卫生间排水关注点位与数量，厨房排水则关注孔径和效率。

表 2-4　常用水管材料规格

用途	材质	公称直径 /mm	外径 /mm	使用场景
给水	PPR、铜、不锈钢（304、316）、PE、硬聚氯乙烯（UPVC）等	DN=15（四分管）	21.25（≈ 20）	分路管道
		DN=20（六分管）	26.75（≈ 25）	支路管道
		DN=25（一寸管）	33.50（≈ 32）	一般住宅入户主管道
		DN=32（一寸二）	42.25（≈ 40）	别墅等大户型住宅主管道
排水	PVC、PE、铸铁等	DN=25 及以下	33.50（≈ 32）以下	空调冷凝水、热水器减压水、净水机废水
		DN=40	48（≈ 50）	卫生间淋浴排水、地漏排水、水吧台排水
		DN=70	75.50（≈ 75）	厨房排水
		DN=100 及以上	114（≈ 110）以上	主管线

注：因为在实践中涉及预埋、孔槽预留等工序，所以我们更多参考外径尺寸。内径尺寸虽受品牌、质量等相关因素影响，但总体影响有限，多数情况下可以忽略。

（2）电线

表 2-5 为电线规格统计。

表 2-5　电线规格统计

横截面面积 /mm^2	铜芯直径 /mm	负载电流 /A	可承受功率 /W	实际应用
1.5	1.38	8 ~ 15	1800	低功率分路照明（感应夜灯、衣柜内照明、装饰台灯等）、一般照明
2.5	1.78	16 ~ 25	3300	照明主线、大功率吊灯、空调（内机）
4.0	2.25	25 ~ 32	5200	壁挂或立式空调（外机）、厨房预留、办公区预留
6.0	2.76	32 ~ 40	6500	中央空调（外机）
10.0	3.58	40 ~ 55	12000	进户总线（小户型）
16.0	4.52	60 ~ 80	32000	进户总线（大户型）

注：近年来，线缆、线径预留空间呈增大趋势，16mm^2 的进户总线十分常见。

表 2-6 为电线种类对比分析。

表 2-6　电线种类对比分析

电线种类	优势	劣势	适用场景
BV 线（单芯线）	①施工便利，不易弯曲； ②单股抗压强度较高，抗拉伸，抗氧化	①转角过多的场景，穿线施工难度大； ②大功率总线路不适用	①室内大部分配线使用； ②对电线强度有要求的情况
BVR 线（多芯线）	①软线的可塑性强，适合转弯穿管； ②抗屈服能力强，减少损耗	①价格稍高； ②抗氧化性较差	①空间狭小，转角较多处，如踢脚线暗藏灯带、衣柜内藏灯等； ②大负载总线，如别墅进户总线

注：B 表示归类属于布电线；V 是指 PVC，俗称“塑料”；R 则表示“软”的意思。

如图 2-5 所示，家装中的多芯线一般以 BVR 线为代表。

图 2-5　多芯 BVR 线

在实际布线中，一般以单芯线为主，但对于柜体这种预留复杂、转折较多的隐光照明场景来讲，可以交代施工方合理运用多芯软线。同一个工程项目中，电线应严格统一并区分颜色。火线为红色，零线为蓝色，地线为双色。有时火线也会选择黄色或其他单色，但是零线与地线一般只选择蓝色或双色（图 2-6）。

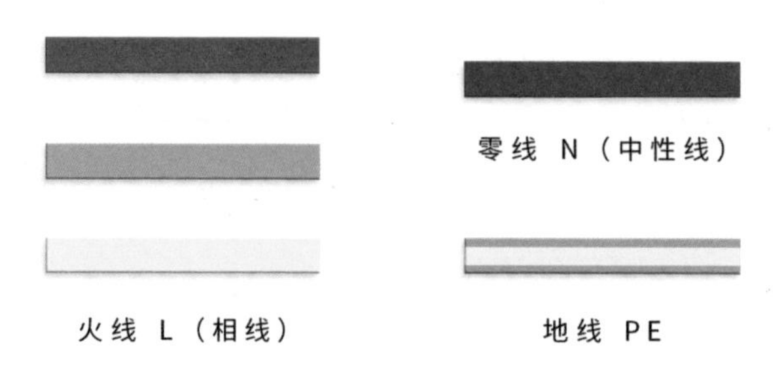

图 2-6　电线颜色示意

如图 2-7 所示，通过颜色可以清晰准确地区分电线，在一定程度上保障了后面施工的安全性与便利性。

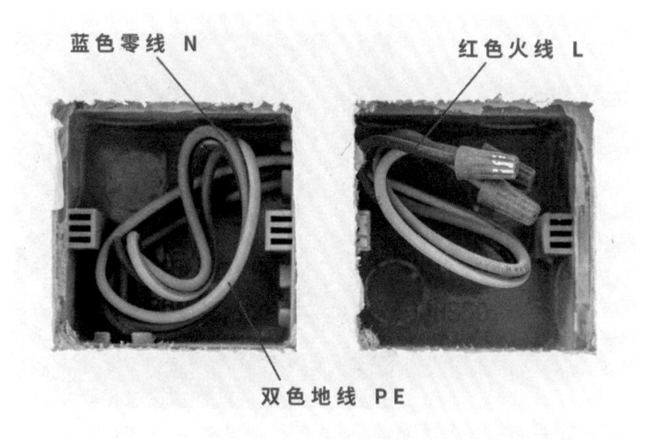

图 2-7　电线实际施工

（3）线管

电线线管的主流选择为 PVC 阻燃线管，但在少数施工中存在着用工程管线替代使用的情况。后者质地较硬，弯曲性不佳，优点在于穿线相对便利，在自建房中使用较多。

在穿线的过程中，原则上电线的截面总面积（包括绝缘外皮）不应超过线管内截面面积的 40%，在施工时建议参考表 2-7。

表 2-7　常用线管规格

线管规格（直径）	电线规格（横截面面积）	建议容纳电线数量
16mm	1.5mm^2	6 根
	2.5mm^2	4 根
	4.0mm^2	3 根
	6.0mm^2	2 根
20mm	1.5mm^2	9 根
	2.5mm^2	7 根
	4.0mm^2	5 根
	6.0mm^2	3 根

尽管理论上可以实现，但是我们尽量避免一根线管内容纳过多电线，许多公司的工艺要求单根线管内不能超过 5 根电线。

同一项目中，强电与弱电也要通过颜色进行区分，如有交叉临近部分，一般采取包裹铝箔的方式防止强电对弱电产生干扰。

如图 2-8 所示，蓝色为网络（弱电）管线，绿色为照明（强电）管线。

图 2-8　强弱电实际施工

小 结

基础材料容易受主流审美影响，作为设计者应缜密考虑将其设为主要优化方向。所有低门槛以及任何设计师都能实现的地方，都不是该投入精力效仿的地方。

2. 水电路设计

（1）基本流程

水电的基本施工流程见表 2-8，其中有以下几点注意事项：

①现场核对图纸：应注意确定砌筑后现场是否满足水电排布条件，是否可以满足图纸上所规划的设计预期。

②水电交底：需要注意确定设计方与工长交代所有水电取用点位置，照明点位也会在此阶段确定，以减少与吊顶龙骨发生冲突的可能，除此之外，还应确定净水设备以及新风系统的预留位置。

③确定点位、弹线开槽：需要工长与施工人员交代开关、电源点位，冷热水点位、流向、变径等。

④电路排线施工：完成后应有一次检验程序，其主要目的在于核对施工现场与设计图纸是否一致。

⑤水路排管施工：完成后则需要第三方现场加压检测，需要保证水管预埋件固定牢固，以免水管后续发生移位。

⑥水电施工验收：一般会在所有工程完成之后进行，验收时应注意邀请多方参与。

表 2-8　水电施工流程

参与人员	水电施工基础工序节点					
	现场核对图纸	水电交底	确定点位、弹线开槽	电路排线施工	水路排管施工	水电施工验收
设计师、设计师助理	√	√	—	—	—	√
工长、项目经理	—	√	—	—	—	√
施工人员	—	—	√	√	√	√

注：“√”代表该节点验收时需要到现场的人员，“—”代表该节点验收时非必须到场的人员。

（2）设计准则

①高优于中，中优于低：在水电管线的排布位置上，各个公司略有不同。如北方的室内设计公司水电管线普遍顶面排布；南方的室内设计公司一般水管走顶面、电线走地面。当然，也有公司都走地面（图 2-9）。

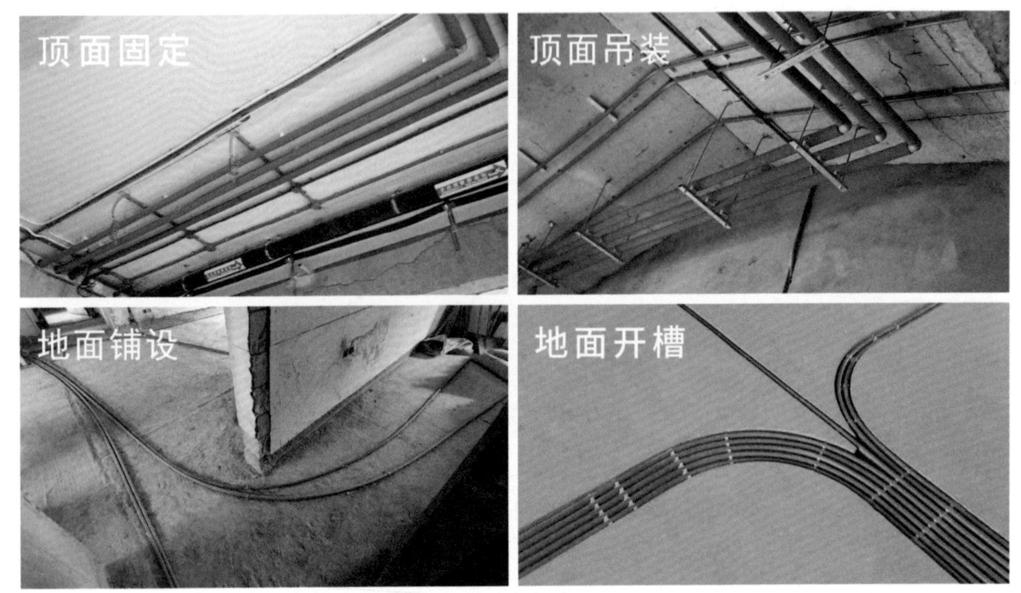

图 2-9　水电管线实际施工

在水电管线的排布方式中顶面排布与地面排布较为常见，两者各有其优势与劣势，具体对比见表 2-9。除此之外，还有墙面排布的方式，但此方式在施工中需要破坏墙体，故比较少见。

表 2-9　水电管线排布方式对比分析

排布方式	优势	劣势
顶面	①减少对原始墙面、地面的破坏； ②维修成本低，易拆改修复	①对房高有一定的影响； ②相对浪费材料
地面	①施工距离短，相对节省材料成本； ②排布方便，施工便利； ③适合无吊顶的户型案例	①后期更换、维修困难； ②漏水问题难以及时发现； ③不适合有地暖的户型

在表 2-9 中，地面排布的方式优势与劣势十分明显，虽然可以降低施工与材料成本，但是不利于后期修理维护，而且在近几年的设计中，电路的比重越来越高，实际用电点位都在地面以上，如此就出现了“供需相左”。因此，相比起地面排布的方式，顶面排布更加稳妥。

②水电施工中的“小窍门”：简而言之就是让复杂的东西更复杂，让简单的东西更简单。比如，在隐蔽工程中，我们应该尽量将所有繁复的部分如交接、分路、设备检修都集中在一个地方，如玄关、走廊、厨卫顶面等。

将复杂的部分集中，使其变得更加复杂，这样一来虽然牺牲了单一空间的高度，但是集中预留了检修口，方便后期维修保养。与此同时，让简单的部分变得更加简单，尽量减少后期出现问题的可能。

③规范即便捷：与电线分色的原理一样，冷热水管、水流流向同样需要标示，预算允许的情况下，应尽量实现单路单阀、单水路可控。

在隐蔽工程中，作用不同的水管一般用不同的颜色进行区分。在图 2-10 中，我们可以通过颜色清晰地分辨出冷热水管以及电线线管，排布顺序由左至右分别是电路管线、热水管、冷水管。除此之外，还可以通过粘贴标识来区分流向与种类（图 2-11）。

图 2-10　水电管线排布

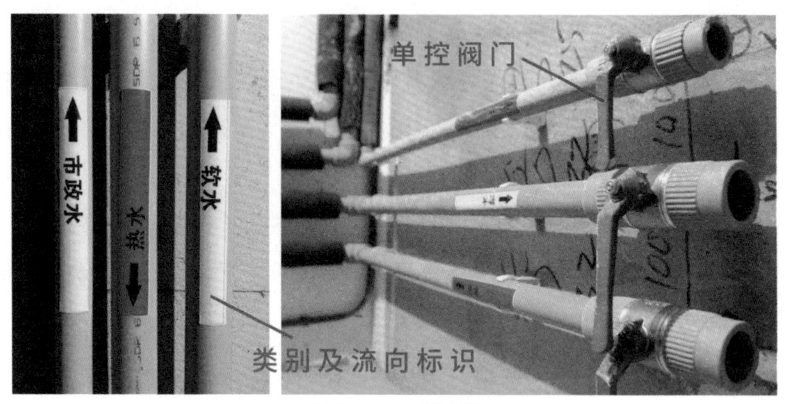

图 2-11　水管标识

3. 水循环系统

（1）基本净水系统

家庭净水是一个层层过滤、优化的系统。通过前置过滤器的粗过滤水可以用来浇花、洗车，经过软水机出来的水钠含量高，不建议饮用，大多作为清洁用水（图 2-12）。

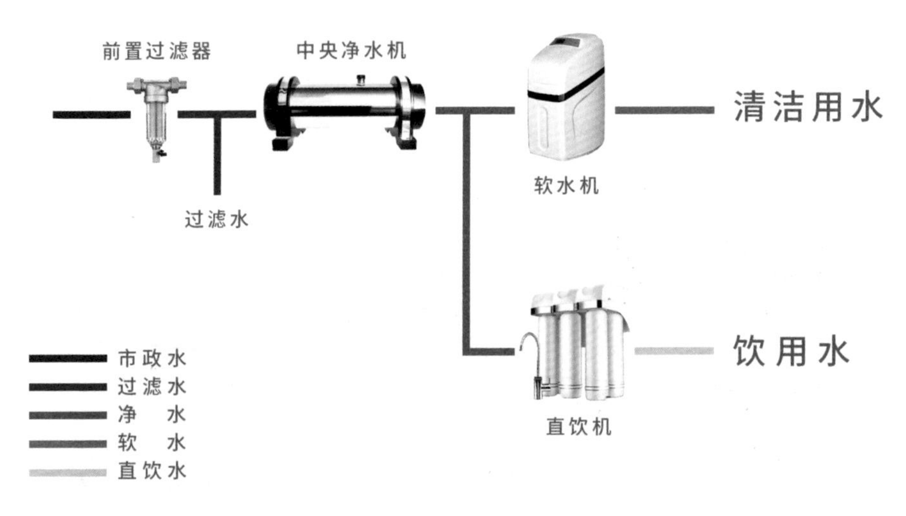

图 2-12　家庭净水系统

净水系统根据预算与实际需求而定，前置过滤器与终端净水器（直饮机非必须）的搭配在当下被广泛应用，原因就是这种组合拥有较高的性价比。

（2）全屋零冷水

全屋零冷水的实现方法有很多种，较为常见的就是构建水循环系统。如图 2-13 所示，红色为热水管，蓝色为冷水管，橙色为回水管。其工作模式是通过回水器（循环泵），让热水管中的冷水回流入热水器进行二次加热，如此往复，实现热水管路中时刻保持热水的状态。

在实际设计中，水循环系统存在大循环与小循环两种模式，图 2-13 中所展示的就是小循环，热水在主管线中循环，各房间分路主管并不直接参与整个过程，导致终端水点还需一定时间才能获得热水。

而大循环是将预热过程延伸到各个房间，分路管线变为主路，参与循环（图 2-14）。大循环在最大程度上实现了“秒出”热水。

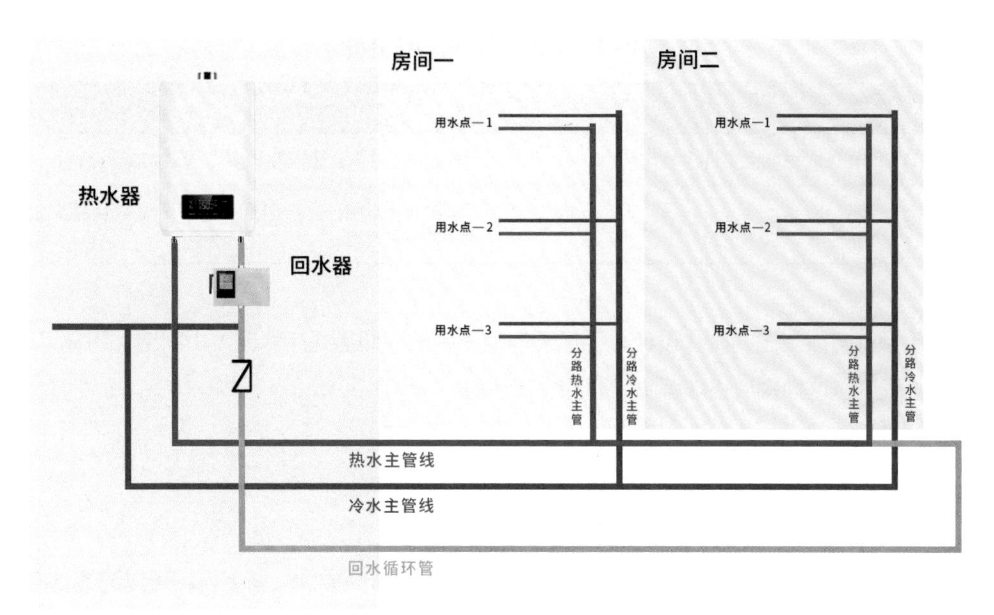

图 2-13　水循环系统（小循环）

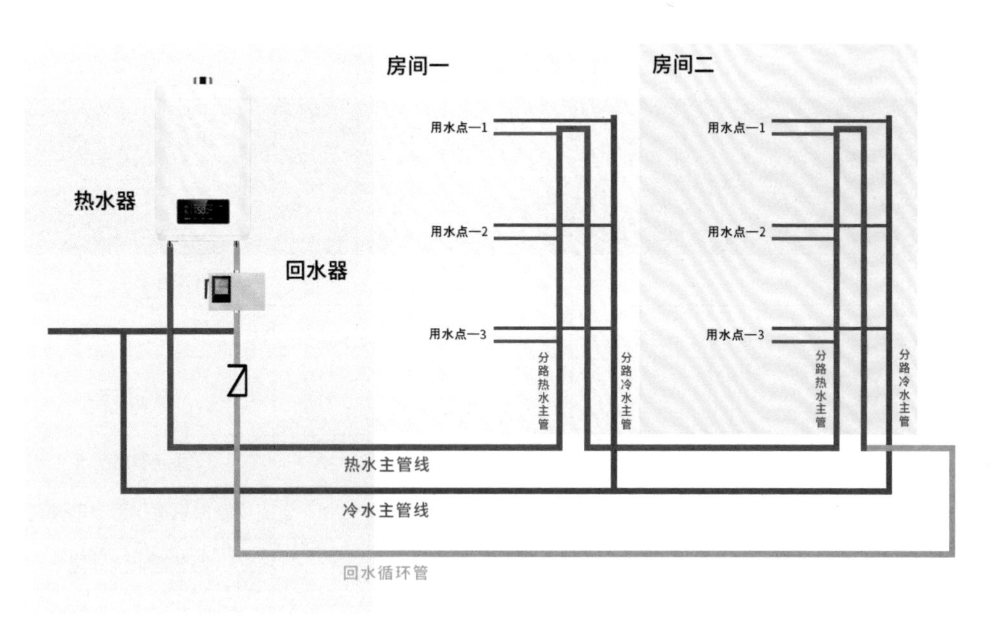

图 2-14　水循环系统（大循环）

两种循环方式各有优劣（表 2-10），具体方案还需要结合预算、现场等条件，具体确定。

表 2-10　水循环系统对比分析

循环方式	优势	劣势
大循环	最大程度上实现了秒出热水	管线长且复杂，热损耗较多，于节约能源不利
小循环	材料消耗减少，预算低，线路简单	无法即开即用，需要时间等待，无法真正意义上实现零冷水

如果预算有限或想要简化设计，手盆下的柜子中加装即热式热水器（小厨宝）同样可以实现热水预期，这种是从终端解决问题的设计思路。

4. 电源点位与数量

（1）种类与数量

家庭基本电源预留见表 2-11，表中统计了相关位置的电源数量，新手入门可以酌情参考，但在处理问题时应以实际为准。

表 2-11　家庭基本电源预留统计

空间	位置	电源种类与推荐预留数量				推荐预留点位
		五孔插座（个）	五孔插座 + 开关（个）	三孔插座（16A）+ 开关（个）	USB 插座	
客厅	沙发	2	—	—	—	沙发左右各一个
	电视机	3	—	—	—	电视柜居中位置
	单椅、边几	1	—	—	1	单椅后方
卧室	床头	—	2	—	2	床头左右各一个
	梳妆台	1	—	—	1	为吹风机等小型电器预留
厨房	操作台	—	3	—	—	为烹饪电器预留
	灶具上方吊柜	2	—	—	—	为抽油烟机、报警器预留
	水盆下方地柜	2	—	—	—	为净水器、即热式热水器（小厨宝）预留
	其他	—	—	若干	—	根据实际电器数量预留

续表 2-11

空间	位置	电源种类与推荐预留数量				推荐预留点位
		五孔插座（个）	五孔插座 + 开关（个）	三孔插座（16A）+ 开关（个）	USB 插座	
餐厅	餐边柜	—	2	—	1	餐边柜上小电器以及充电口预留
	餐桌近端	1	—	—	—	餐桌下方，用餐电器预留
卫生间	洗漱台	3	—	—	—	洗漱台（梳妆镜）两侧或一侧预留，台下合适位置预留五孔
	其他	若干	—	若干	—	根据实际电器数量预留，注意选用防水插座

注：智能设备、家用电器等并没有单独列出，任何增加的用电设备都需要按照实际需求加设电源以保证专电专用。

（2）高度及位置

电源开关建议高度为 1350 mm，曾经的 1300 mm 渐渐已经不再适合当下的年轻群体，随着时间推移此数据应该还会升高。

电源插座的高度大多有两种选择，300 mm 和 500 mm，500 mm 作为大多数的电源插座预留高度，是比较舒服的（图 2-15）。

图 2-15　电源、开关和插座高度

300 mm 是绝大多数落地类家用电器的电源预留高度，当落地式空调、落地装饰灯需要一个电源时，我们需要尽量隐藏电源线，以实现整洁美观的视觉效果，书桌下电源上移也是同理，隐藏电线提升便捷性（图 2-16）。

图 2-16　落地类家用电器电源插座高度

床头、梳妆台等位置上的电源位置选择，我们需要考虑的则更多。如图 2-17 所示，水平面与垂直面构成了一个 90° 夹角，我们将其看作一个象限，X、Y 各代表横纵双轴，当 X 大于 Y，电源更贴近床头柜（水平面），当 Y 大于 X，电源更贴近床头（垂直面）。在实际设计中，我们尽量不要让电源距离原点太远，否则会给人一种电源游离于物体之外的疏离感。

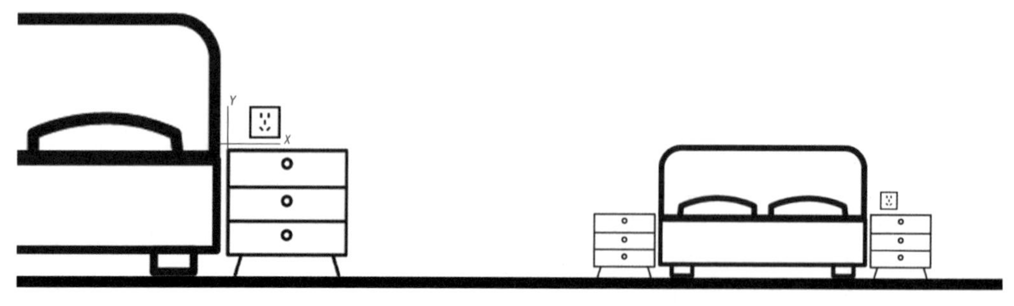

图 2-17　床头电源插座位置

在设计电源位置时，照明与立面造型也要纳入考虑范围，而且在一般情况下要优先考虑。在图 2-18 中，照明范围和电源位置存在设计冲突。在类似设计中，吊灯应该外移，为电源位置争取空间，减少床头柜的阴影，这也是吊灯和壁灯的一个不同点。

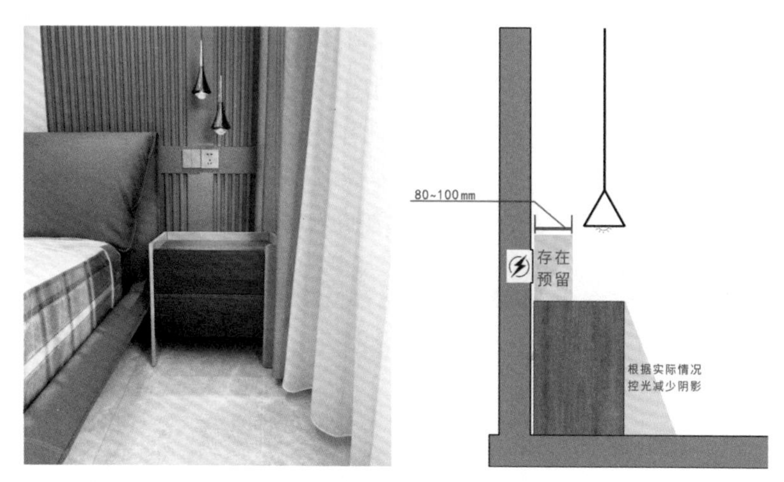

图 2-18　床头照明与电源位置

厨房、家政清洁区的电源位置可采取移位设计，板材留孔处理，将电源移到更便于操作的位置（图 2-19）。

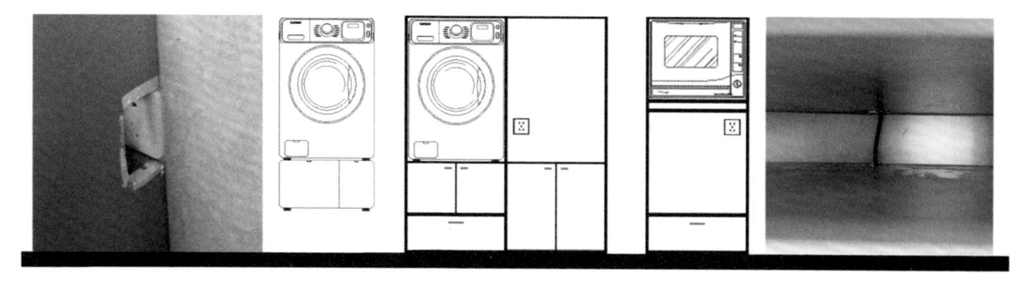

图 2-19　电源移位设计

电源移位应先考虑左右移位，再考虑上下移位，在高度允许情况下，上移位优于下移位（图 2-20）。

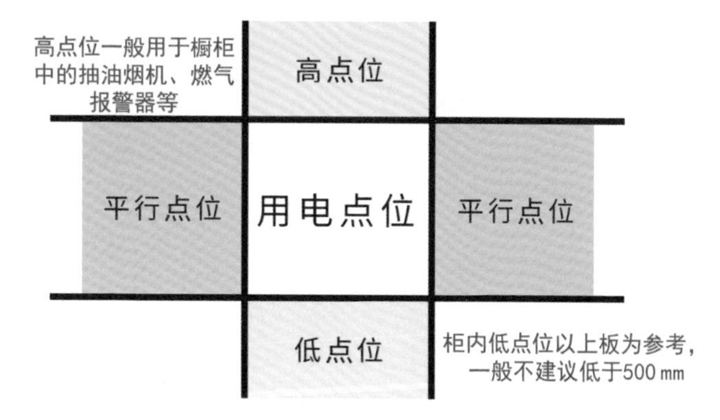

图 2-20　电源电位移动解析

5. 回路设计

回路设计的首要原则是满足日常生活，然后在此基础上提升居住便利性，最后是利用智能回路等实现舒适性。三者环环相扣、逐步递进（表 2-12）。

表 2-12　家庭电源回路分析

电源回路分类	涉及范围	说明
基础回路	插座、灯具照明、厨房、卫生间	如果无法实现单房间单回路时，至少厨房与卫生间需要实现单回路
进阶回路	冰箱、空调、新风系统、恒温柜、单个房间、单层电源（别墅）	恒温箱、酒柜、空调、新风系统等电器功率较大，单回路可以避免电流过载所导致的电器损坏，而单层与单个房间回路则是为了使用时更加便利
智能单回路	智能家居、监控、桑拿房、酒窖	智能单回路的目的是为了实现智能电控联动

（二）空气循环系统

1. 空调系统

在空调的选择中，首要考虑的就是功率。传统电功率 1 匹等于 1 马力，即 735.5 W，这 735.5 W 大概能支持空调压缩机产生 2500 W 的制冷量（一般情况下，空调压缩机的能效比平均值为 3.4）。表 2-13 为常见空调的制冷功率，这里的制冷功率和电功率不同，电功率确定功耗，制冷功率确定制冷量。

表 2-13　常见空调制冷功率

电功率	小 1 匹	1 匹	大 1 匹
制冷功率 /W	2200	2500	2800

在实际设计中，既要考虑制冷功率，也要适当考虑制热功率，同时空间环境也十分重要。表 2-14 为住宅空间的空调负荷指标统计。

表 2-14　住宅空间空调负荷指标统计

空间类别	单位冷负荷 / (W/m^2)	单位热负荷 / (W/m^2)
客厅	140	200
卧室、书房	120	220
厨房（非开放）	210	150 ~ 200
餐厅	160	210
活动室	150	200

表 2-15 为办公空间的空调负荷指标统计。

表 2-15　办公空间空调负荷指标统计

空间类别	单位冷负荷 / (W/m^2)	单位热负荷 / (W/m^2)
独立办公室	130	210
多人办公室	170	200
小型会议室	180	200
会议室、多功能室	210	200
大型会议室	250	200
门厅	150	280
公共空间	170	260
设备间	150	—

表 2-16 为商业空间的空调负荷指标统计。

表 2-16　商业空间空调负荷指标统计

空间类别	单位冷负荷 / (W/m^2)	单位热负荷 / (W/m^2)
大堂（中餐）	230	200
大堂（西餐）	210	200
火锅烧烤	260	200
餐饮包间	230	200
茶室	190	210
休闲酒吧	220	230
酒吧	250	200
电影院	250	230

注：①本表适用于层高 3.5m 以内的标准户型，如果案例空间为顶层，则单位冷负荷应额外增加 10W/m^2，单位热负荷应额外增加 20W/m^2。
②本表默认无新风系统。
③设计空调系统时要先考虑建筑的密封性，同时应尽量遵循“大马拉小车”的原则。
④北方建筑依照年平均气温适当减少制冷功率，南方则要适当增加制冷功率。

根据建筑所需的冷负荷与热负荷确定的功率，可以选择空调类型（表 2-17）。

表 2-17 空调类型对比分析

空调类型	优势	劣势	适合空间
壁挂空调	噪声小，耗能低，价格较低，维修简单	制冷效率低，出风量较少，机体不易隐藏	卧室、书房等小面积空间
立式空调	制冷速度快，适合稍大面积的空间，有一定的装饰性	出风角度有限，舒适性较差，需要预留空间	客厅及其他较大空间
中央空调	易隐藏，噪声小，出风温和	成本高，施工复杂，后期维护成本较高	别墅、大平层等面积较大的空间

综合考虑，中央空调更适合四室以上的大户型空间，改善型住房则更推荐用壁挂空调与立式空调相结合的方式替代中央空调。

如图 2-21 所示，空调内机需根据空间大小与隔断数量确定位置。图中棕色为冷媒线路，包括液体冷媒与气体冷媒两根管路，粉色虚线为冷凝水管，在家装中一般根据下水管预留，就近合并。

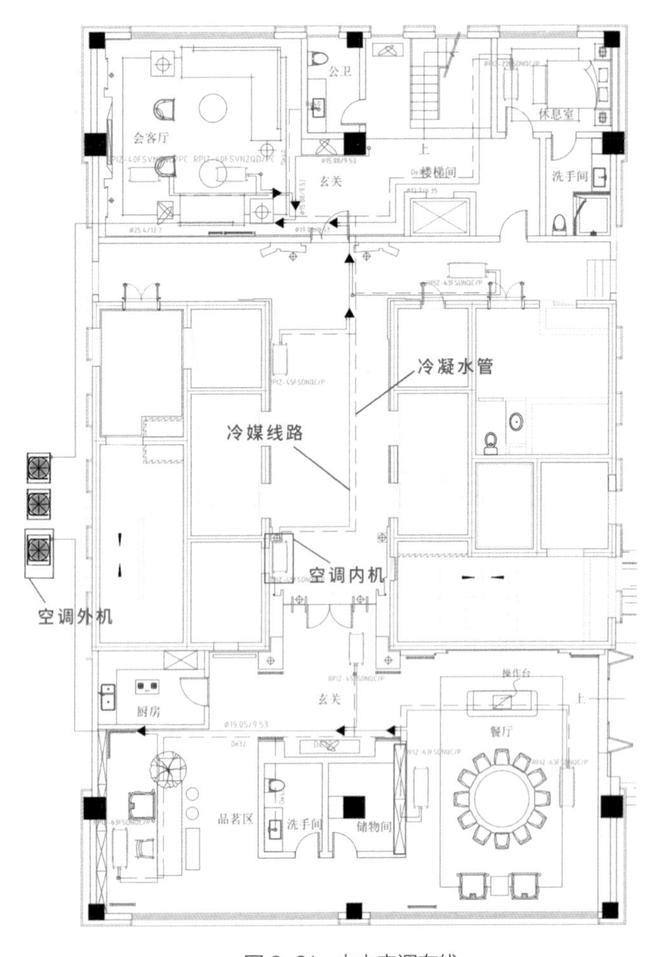

图 2-21 中央空调布线

2. 新风系统

新风系统可以简单理解为室内外空气的过滤系统，一般通过两台风机组成进回风流动，达到循环空气的目的（图 2-22）。

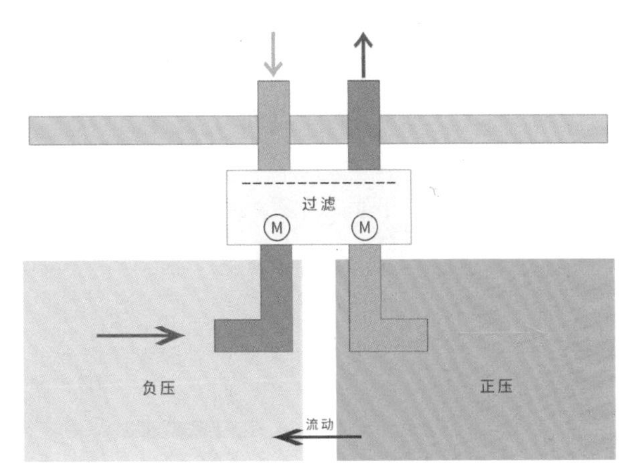

图 2-22　新风系统内部结构

新风系统的设备结构并不复杂，一般由动力系统（风机）、过滤系统（滤网）、传输系统（管道）三部分组成。如图 2-23 所示，过滤系统一般有三层过滤网，分别是初级过滤网、活性炭过滤网、PM2.5 过滤网。三层过滤网的主要作用以及材质构成见表 2-18。

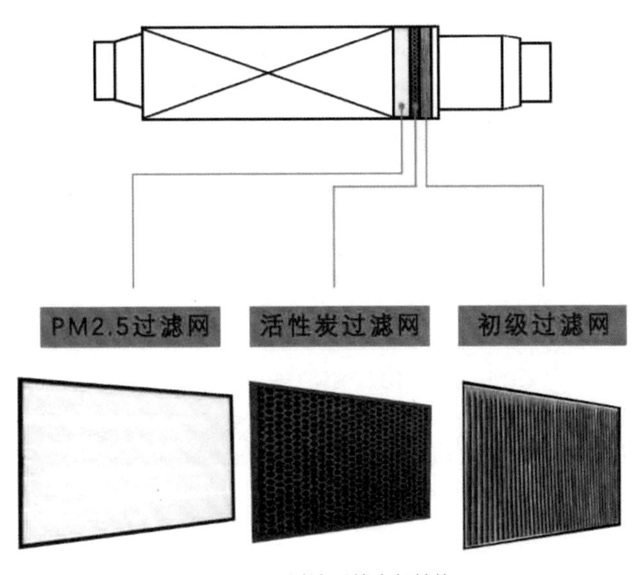

图 2-23　过滤系统内部结构

表 2-18　三层滤网作用分析

滤网	主要作用	材料
初级过滤网	过滤灰尘、烟雾、毛发等	无纺布、棉纤维等
活性炭过滤网	过滤异味、甲醛、病菌等	活性炭
PM2.5 过滤网	过滤 PM10、PM2.5	纳米银、光触媒等

介绍完了新风系统中的过滤系统，下面来介绍新风系统中的传输系统，如图 2-24 所示，分风式和枝干式是新风系统中的基本传输方式，两者各有优势，具体分析见表 2-19。

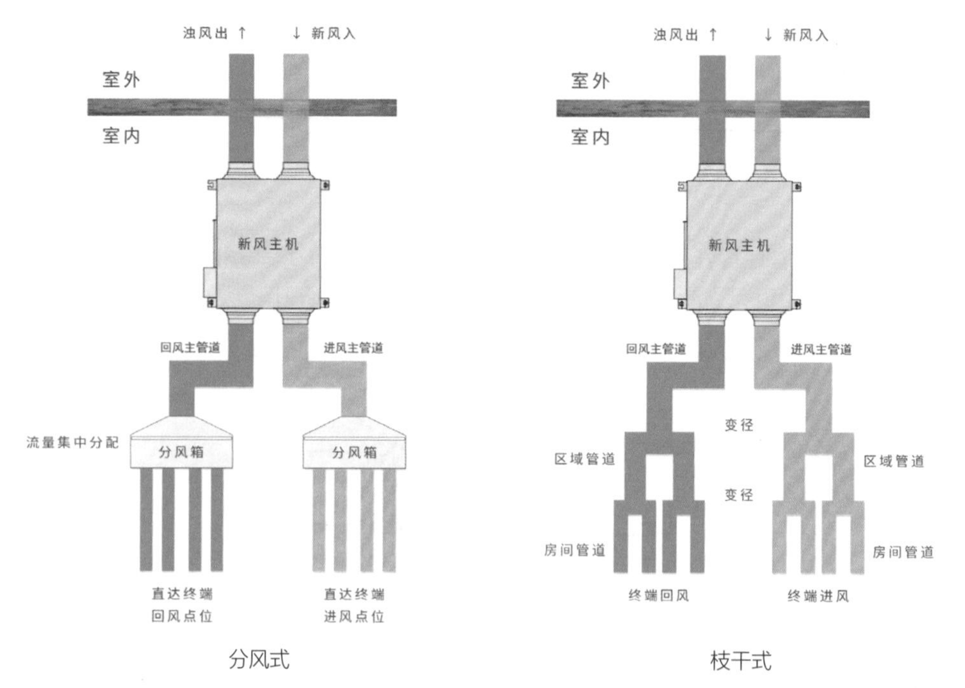

图 2-24　传输方式

表 2-19　传输方式对比分析

传输方式	基础原理	优势	劣势
分风式	通过加装分风箱满足各个空间的流量预期	风压稳定，噪声小	成本高，需要额外空间
枝干式	通过变径满足各个空间的流量预期	节约成本，施工便捷，减少打孔	风力损耗大，风量不均，噪声大

图 2-25 是某会所新风系统布线，可以看到主机放置在厨卫区域，这样更有利于后期集中检修。新风系统将新鲜空气经 PE 管（直径 200 mm）送达分风箱，通过分风箱进行分配，再经 PE 管（直径 100 mm）送达空间各点位，以上半部为例，上下正负压分区分明，可以实现良好的循环效果。

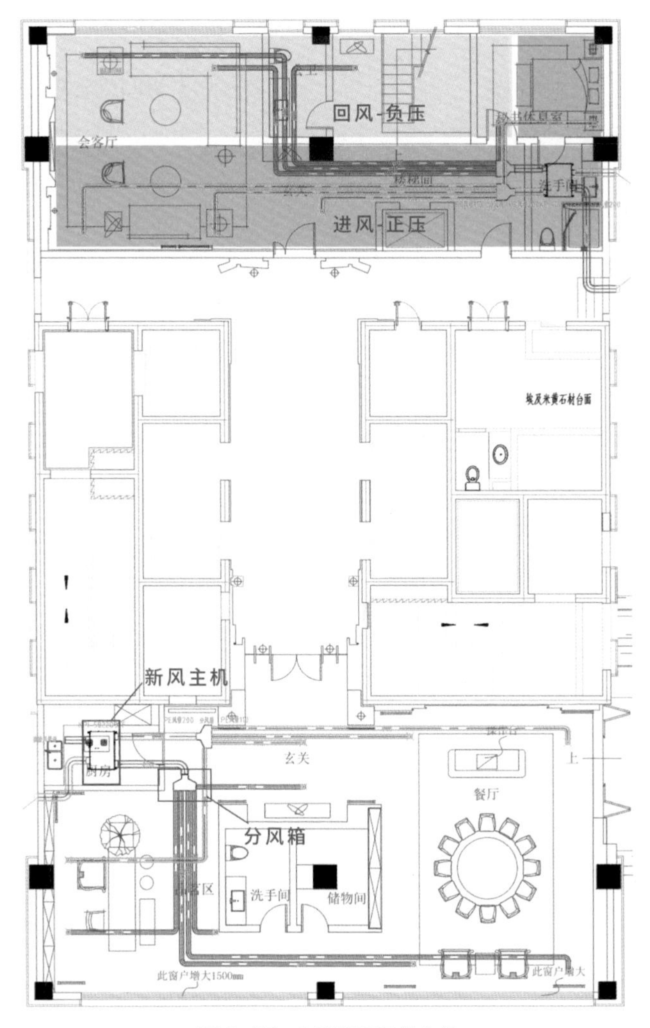

图 2-25　会所新风系统布线

对设计方来说，新风系统的设计方案一般由商家根据设计师的要求来制作，而后由设计师审核修改。在设计中，所有主材方与设计方都应是强强联合，优势互补的，若是像两人挑水，一方敷衍了事，另一方必然劳心费神。就双方而言，一般商家负责机械专业部分，设计方负责设计融合部分，在设计上需要注意的事项见图 2-26。

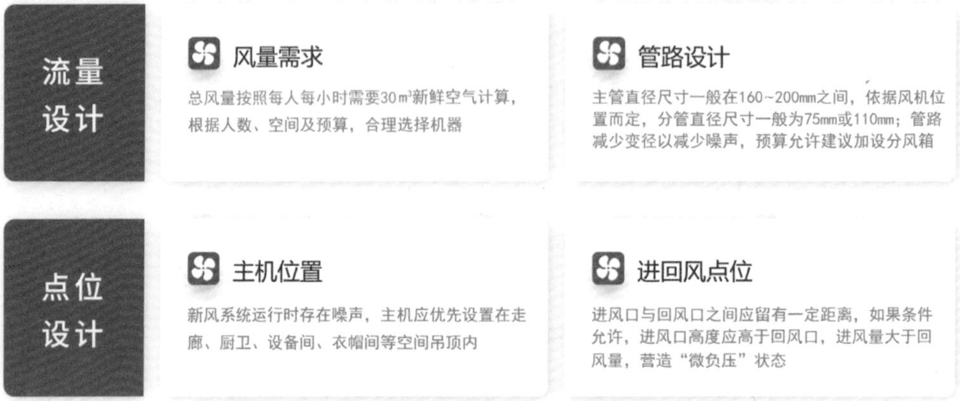

流量设计
风量需求
总风量按照每人每小时需要30㎥新鲜空气计算，根据人数、空间及预算，合理选择机器
管路设计
主管直径尺寸一般在160~200mm之间，依据风机位置而定，分管直径尺寸一般为75mm或110mm；管路减少变径以减少噪声，预算允许建议加设分风箱
点位设计
主机位置
新风系统运行时存在噪声，主机应优先设置在走廊、厨卫、设备间、衣帽间等空间吊顶内
进回风点位
进风口与回风口之间应留有一定距离，如果条件允许，进风口高度应高于回风口，进风量大于回风量，营造“微负压”状态

图 2-26　新风系统设计过程中的注意事项

新风系统是空气循环系统中的一类，除此之外，常见的还有排风系统，但排风系统大多以局部或者单空间换气为主（图 2-27）。

空气循环系统
建议
新风系统
主动循环
气体互换（新风系统）
需要
排风系统
被动循环
单向排风（抽油烟机、换气扇等）
其它系统
功能调节（空调、暖风机、加除湿器等）

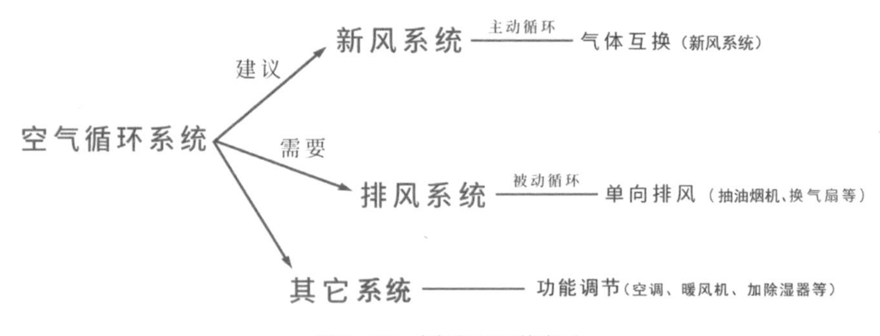

图 2-27　空气循环系统类型

小结

整个隐蔽工程施工中，需要注意以下四点基本原则：

① 优先性：无压优先于有压，大管优先于小管。

② 轻量化：新风系统、空调的室内外机遵循小型化、少量化。

③ 线路优：水电点位、主机、分机的连接电线越短越好，既可以节省材料，又可以减少能量衰减。

④ 少破坏：所有管线尽量不穿越防火区、沉降缝、伸缩缝、承重墙、剪力墙等。

三、瓦工工程施工

（一）防水施工

1. 室内防水施工基本流程

图 2-28 是防水施工的基本流程，这里面有两点需要注意：

① 施工前的“涂刷墙固”和施工后的“涂刷保护层”都是保护性施工。前者作为界面剂，作用是保持墙面的整体性，防止泥灰层脱落。后者主要是保护水泥砂浆，工序连贯的情况下地砖的铺贴可选择性忽略此步。

② “重点位置强化处理”主要是针对地漏、管道、角落及接缝位置的强化工作，可以在主防水施工前做，也可在之后做，两者的区别在于施工的便利性，防水效果主要与施工精细度有关，图 2-28 选择在防水施工之前做好强化工作。

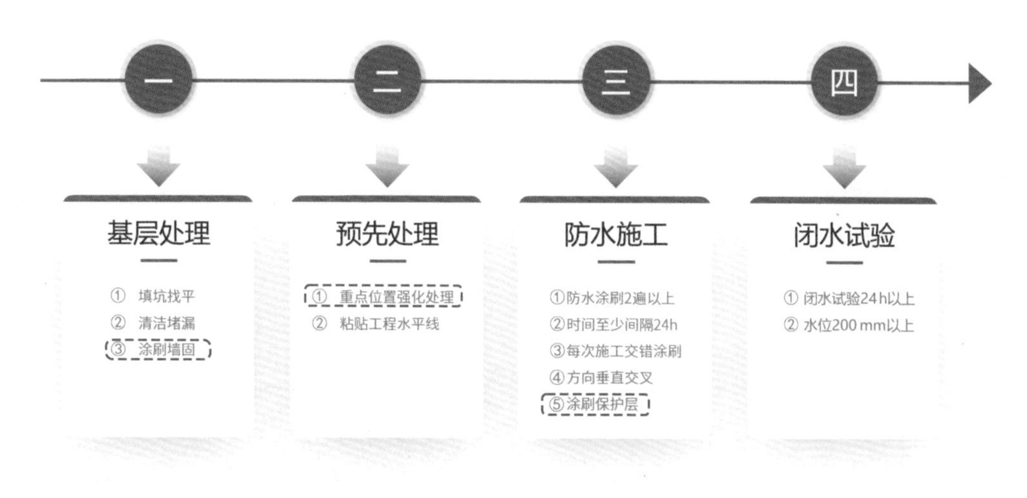

图 2-28 防水施工基本流程

2. 防水类型

防水类型一般分为刚性防水和柔性防水两种，具体性能见表 2-20。

表 2-20　防水类型对比分析

防水种类	主要材料	性能特点	说明
刚性防水	聚合物水泥（水泥 + 外加剂或高分子聚合物）、树脂、矿物质材料等	综合强度较高，具有防水特性的同时也可以起到承重的作用	刚性防水伸缩性、耐候性较差，受空间环境与建筑结构影响较大
柔性防水	卷材（改性沥青油毡、高分子防水卷材）、涂料（聚氨酯涂料和丙烯酸乳液、橡胶改性沥青等）	柔韧性与抗腐蚀性突出、施工便利、性价比较高	卷材大多用于室内及地下室迎水面，涂料一般用在结构主体基面

在实际施工中，刚性防水与柔性防水相结合是比较可靠也比较普遍的。一般来说，防水施工的成本并不高，可以通过多次涂刷来达到理想效果，同时也要掌握好设计尺寸。如图 2-29 所示，图中“+”号表示在基础尺寸上酌情上调，没有“+”号则建议保持图中尺寸即可。除此之外，建议在洗手盆上方也涂刷防水涂料，具体尺寸要根据墙体决定，混凝土承重墙建议为 300 mm，轻体隔断墙建议不小于 500 mm。

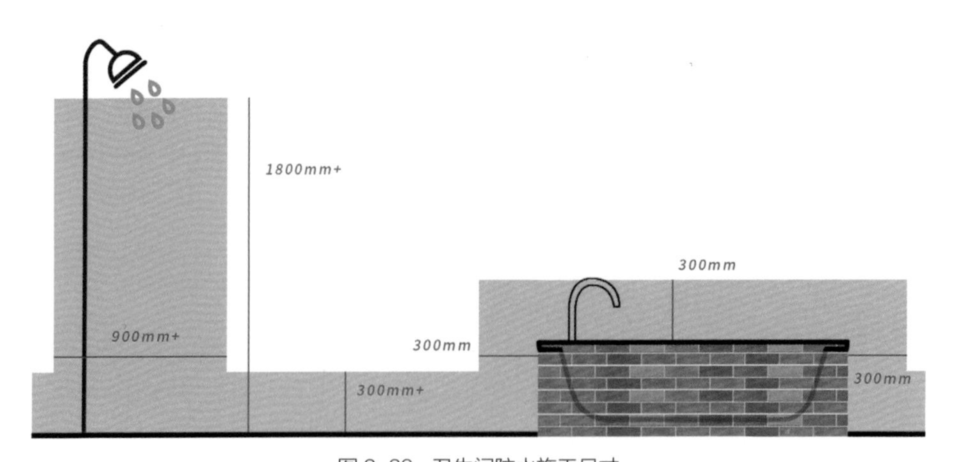

图 2-29　卫生间防水施工尺寸

（二）排砖基础

对纹：相对简单，瓷砖纹理在设计初期已经确定，砖块的对纹实现一般在瓦工交底时进行沟通，以达到设计预期的连纹效果。

排缝：目的有两点，一是尽可能地减少对整砖的切割，保持平面的整体性；二是要在合理的位置进行砖块开孔，保证平面的美观性。

结合空间运用来说，我们要在相对显眼的地方，如进门处、走廊等位置，减少切割以保证空间的整体性；而将需要切割拼接的地方留在相对隐蔽的位置，如空间四周、家具遮蔽处、路径尽头等。

基于以上原则，实践中的优先级可参照图 2-30，裸露在外的或者处于视线中心的地方优先级较高，一般要避免切割，有遮挡的空间优先度较低，可以切割。

厨卫立面排砖：下层优先于上层。

墙砖立面排砖：正面优先于侧面。

地面排砖：近端优先于远端。

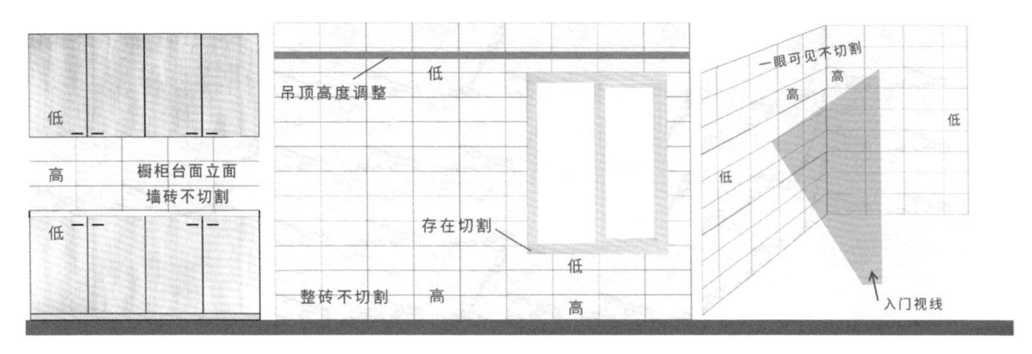

图 2-30　卫生间排砖示意

在实际施工中，完美的排砖极少，大多数情况下是一个取舍的过程，尽可能多地取整砖，集中切割。除此之外，我们还应“避重就轻”，将接缝处尽可能地放到不起眼的位置，从而将接缝的影响降到最低。

因为无论对纹还是排缝，在一些小项目中并没有地面排布图，所以依照以上原则巡检施工就显得更加重要了。

（三）铺贴尺寸

瓷砖的铺贴需要用到黏合剂，但不同种类、尺寸的瓷砖所用的黏合剂也是不同的，详细情况见表 2-21。

在瓷砖铺贴中，水泥砂浆厚度与施工便利性正相关，许多工人为了便于找平，加厚了水泥砂浆层，从而影响到了住宅层高。建议设计师在巡检现场时，尽可能多地监督并纠正此类问题。

表 2-21　瓷砖铺贴厚度对比分析

种类	砖体厚度 / mm	黏合剂种类	黏合剂厚度 / mm	完成厚度 / mm	说明
墙砖（普通瓷砖）	7 ~ 10	水泥砂浆	30	37 ~ 40	根据吸水率使用瓷砖胶
墙砖（艺术瓷砖）	15 ~ 20	水泥砂浆	30	45 ~ 50	
上墙地砖	7 ~ 12	瓷砖黏合剂	5 ~ 8	12 ~ 20	胶粘、干挂为主
地砖	7 ~ 12	水泥砂浆（干铺）	40	47 ~ 52	干铺施工便利
		水泥砂浆（湿铺）	30	37 ~ 42	湿铺最薄 20 mm
		瓷砖黏合剂	5 ~ 8	12 ~ 20	性价比不高

（四）瓷砖开孔切割

瓷砖的开孔位置基于排砖设计。以下是三种基本的开孔原则，实践时要注意活学活用。

1. 让缝

开孔尽量避开缝隙，以保证施工的精致性以及便于后期维护。图 2-31 所示是冷热水、电源点位的骑缝开孔与让缝开孔，优劣显而易见。

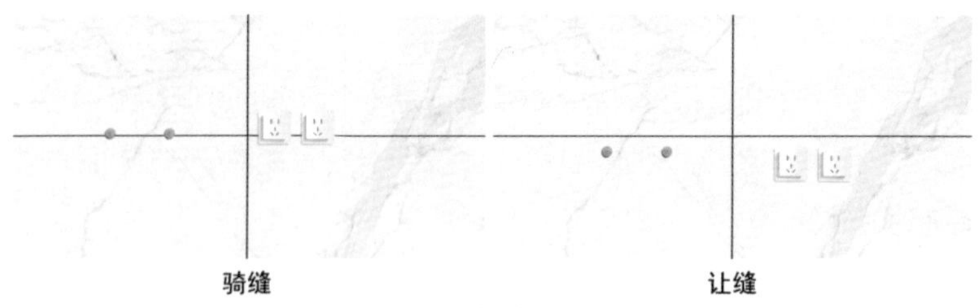

图 2-31　墙砖开孔示意一

2. 居中

如图 2-32 所示，开孔应尽量居中，避免因比重分割问题，影响美观性。

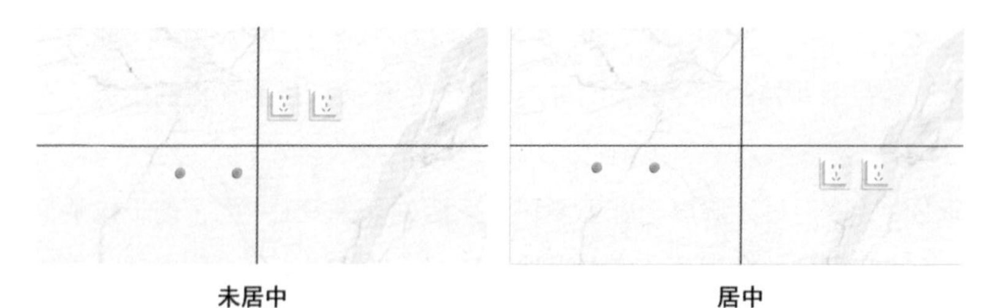

图 2-32　墙砖开孔示意二

3. 对称

如图 2-33 所示，同面开孔应尽量满足对称原则，避免对区域整体感的破坏。

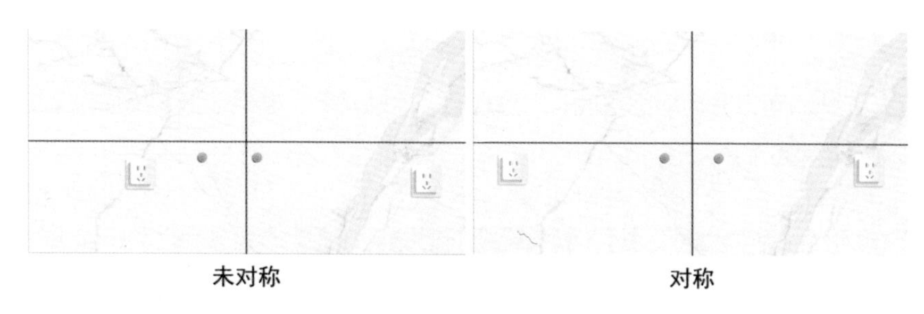

图 2-33 墙砖开孔示意三

瓦工施工环节，早已经划入设计的执行阶段，无论是瓷砖的尺寸、纹路，还是开孔、位置，都应在前期设计阶段确定，并反复推敲。

如图 2-34 所示，地漏位置、冷热水孔、插座等点位在前期瓷砖的切割、排砖时都有很大的优化空间。图中箭头所指的瓷砖对缝如果无法衔接，可以考虑采用过门石。如果想要加强过门石效果可以选择撞色，如果想要减弱可以选择同色；开孔的位置由水电点位决定，砖与孔位是否存在冲突，同样受砖体尺寸与排布方式所影响。因为这些问题是连贯的思维过程，所以在做设计时需要有全局观。

图 2-34 墙砖开孔现场

四、木工工程施工

（一）木工施工范围

木工施工大致可以分为墙面打底、门窗规方、木筋找平、框架造型、吊顶施工与成品手工等方向（图 2-35）。

图 2-35 木工施工实景

木工施工是一个承上启下的过程，上承瓦工基础，下接油工、主材。它是成活尺寸的决定性工序。如果说瓦工是结构的基础，那么木工就是造型的基础。

一般施工需遵循“由高到低”的顺序，以减少施工时对已完工工序的破坏。

（二）基面打底施工

基层处理是木工施工的重要工序。严格来说，吊顶也可以划为基层处理，只不过作用面是顶面。

无论是顶面、地面还是立面，打底的基本构成无非是“内”与“外”的关系（图 2-36）。内部框架选用受施工工艺与施工环境所影响，外部材料选用由主材种类所决定。

图 2-36　木工施工“内外”工艺分析

近几年，由于轻钢龙骨的广泛应用，导致木龙骨的存在有些争议，但实际上两者各有优势，作为设计者应该客观看待（表 2-22）。

表 2-22　轻钢龙骨与木龙骨对比分析

种类	材料	优势	劣势	设计倾向
轻钢龙骨	镀锌钢材	强度高，综合性能好	成本稍高，造型能力差	大户型、工装
木龙骨	木方（多为松木、椴木、杉木）	易于造型，韧性好	防潮、防蛀性差	小户型家装

（三）顶面造型施工

顶面造型设计在整个空间设计中占有很大的比重，如果将造型细化，可以归纳出以下几种基础造型：平顶、跌级吊顶、回形吊顶、悬浮吊顶（悬浮平顶、悬浮回形顶）、挂边吊顶（单层挂边吊顶、双层挂边吊顶）、特殊造型顶等。

在实际施工中，所有复杂的顶面造型都是根据以上几种基础造型组合变换得到的。

1. 平顶

如图 2-37 所示，平顶造型便于线路预埋。但在实践中，单空间跨度越大的平顶，施工难度越大，极简风格中上浮的轻工辅料成本就是在这里体现的。

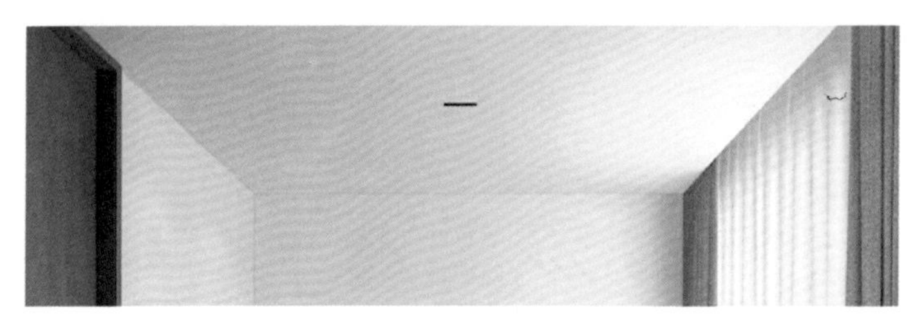

图 2-37 平顶造型效果

2. 跌级吊顶

跌级吊顶在室内设计中是较为常见的，它既能满足一定的顶面造型，又能减弱原始户型中梁的存在。不仅如此，它还能在保证层高的同时增加灯光点位，提升空间照度，丰富照明层次。图 2-38 是跌级吊顶的常见设计形式。

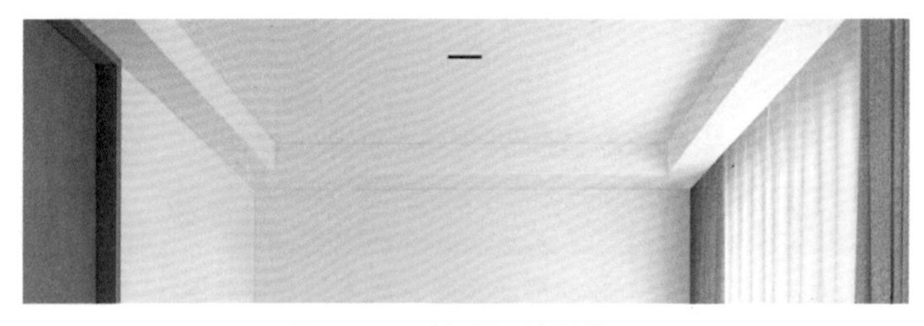

图 2-38 跌级吊顶造型效果

3. 回形吊顶

回形吊顶与跌级吊顶都可归为凹凸式吊顶，但两者又有所区别。回形吊顶在跌级吊顶的基础上去除了立面，提升设计感的同时，也为组合设计打下了基础（图 2-39）。

图 2-39 回形吊顶造型效果

4. 悬浮平顶

悬浮平顶是悬浮顶中的常见形式，用相对简单的施工实现顶面“颜值”的提升（图2-40）。

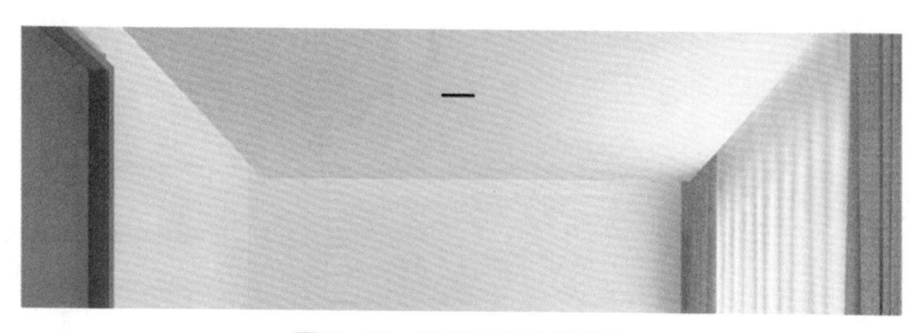

图2-40　悬浮平顶造型效果

5. 悬浮回形顶

悬浮回形顶由悬浮平顶和回形吊顶结合而成，在实际设计中应用不多（图2-41）。

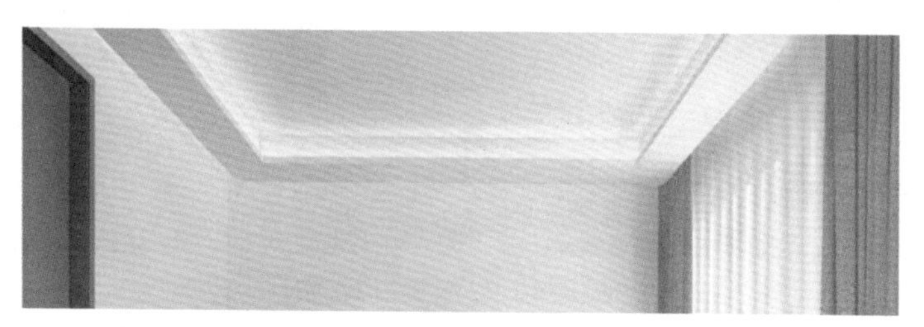

图2-41　悬浮回形顶造型效果

6. 挂边吊顶

挂边吊顶较为常见，多用来隐藏剪力墙、顶面与墙面收口等，由于成本低、工艺简单等特点，受到大众喜爱（图2-42）。

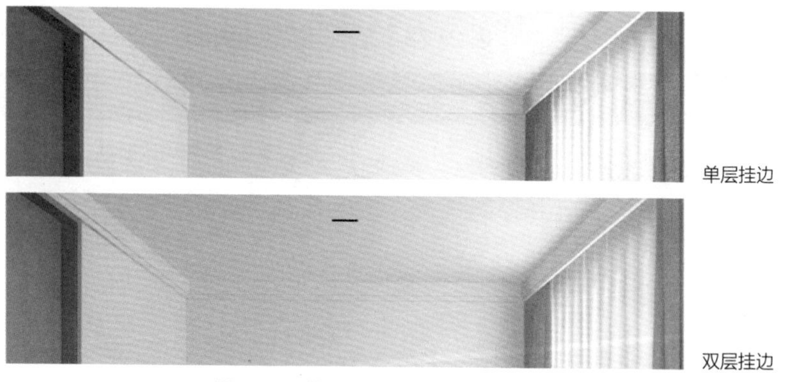

图2-42　挂边吊顶造型效果

7. 特殊造型顶

特殊造型顶主要满足特殊设计风格。图 2-43 为特殊造型顶中的现代多弧线造型与欧式球形顶。我们需要在满足设计要求的前提下尽量简化，否则过于繁复的顶面造型会给下部空间设计造成影响，让落地受到阻力。

图 2-43　特殊造型顶效果

作为造型基础，以上几种顶面造型都有很大的变化空间，但是其宗旨是不能改变的。比如悬浮顶，其设计核心就是通过光的明暗对比，给人以悬浮的错觉。如果实际视觉表现与之相悖，那么就不能称之为悬浮顶。

表 2-23 为顶面造型特点统计。

表 2-23　顶面造型特点统计

类别	名称	设计初衷	特点	设计变形
平顶	平顶	预埋灯具，实现无主灯设计	造型简约，灯具点位相对自由，有一定的工艺难度，影响层高	四周预留，平面拉缝，添加镜面、线脚等元素

续表 2-23

类别	名称	设计初衷	特点	设计变形
边顶	跌级吊顶	预埋灯具的同时保持原始层高	造型简约，补充照明，可隐藏梁	内圈可改为弧形，可加石膏线角，配合照明可提升设计感
	回形吊顶	在跌级吊顶的基础上可加隐藏灯带	补充照明，可隐藏梁	与悬浮顶组合较为常见
悬浮顶	悬浮平顶	实现顶面悬浮效果	视觉效果好，满足照明设计，有一定的施工难度	平顶中间可添加造型，注意与整体风格相协调
	悬浮回形顶	悬浮回形顶在悬浮平顶的基础上增加了现代感与科技感	内外皆可添加隐藏灯带，不影响层高，有一定的设计与施工难度	—
挂边吊顶	单层挂边吊顶	低成本隐藏剪力墙	造型简单，衔接窗帘盒，成本低，无法隐藏照明	内侧可改为圆弧过渡，可与悬浮顶组合设计
	双层挂边吊顶	在隐藏剪力墙的基础上具有一定的装饰性		
特殊造型顶	特殊造型顶	满足不同风格造型的需要	造型契合整体风格，有额外设计空间，存在一定的设计与施工难度	—

注：在吊顶施工时，应着重注意灯具点位与龙骨的位置，避免冲突。

另外，局部设计服务于整体设计，顶面设计也是如此。因此在实际设计中我们要有全局意识，要更注重空间整体，而不只是抓着顶面造型不放。

（四）从木工看施工尺寸

在“木工施工范围”部分说过，木工施工是整体施工中的重要环节，是成活尺寸的决定性工序。一般情况下，设计之初与实际落地时存在许多出入，因此我们在交底的时候会进行细微调整，这期间的调整就是从实际不断向预期接近的过程。

效果是笼统的，它的调整空间更大。尺寸却是具象的，尺寸的错误会导致空间变化、衔接不畅，主材无法安装等问题。为了避免这些问题，我们细心谨慎，可问题依旧不能完全避免，就好像测量的误差，是无法避免的事情。而木工环节则是中期调整尺寸的最好机会，我们要利用好这个机会。

图 2-44 所示是各个环节对尺寸的影响分析。

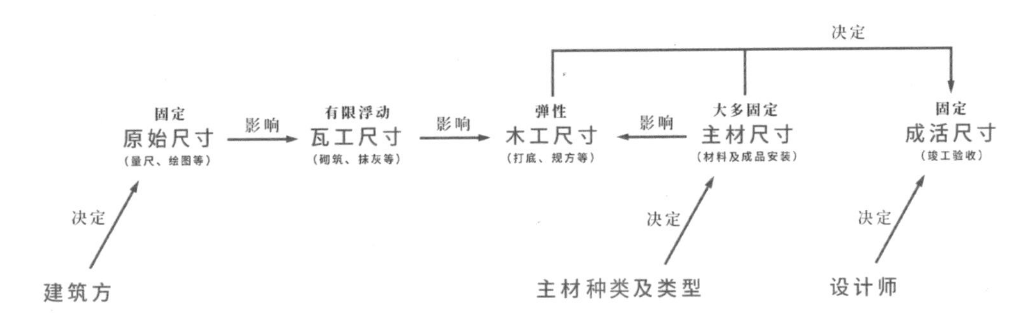

图 2-44　实际施工中各环节尺寸影响分析

瓦工砌筑的尺寸变化有限，且墙体在保证强度的基础上轻量化是我们所追求的。

抹灰的厚度变化也是有限的，所以瓦工的尺寸不够灵活，而主材尺寸变化的决定因素在材料的种类，更不是设计师所能轻易改变的。

由此可知，结构尺寸（原始 + 砌筑）与成活尺寸在实际施工时难以保证完全契合。因此，可将这中间的弹性尺寸交给木工，也只能交给木工。

五、油工工程施工

（一）基础施工流程

油工的基础施工流程如图 2-45 所示。

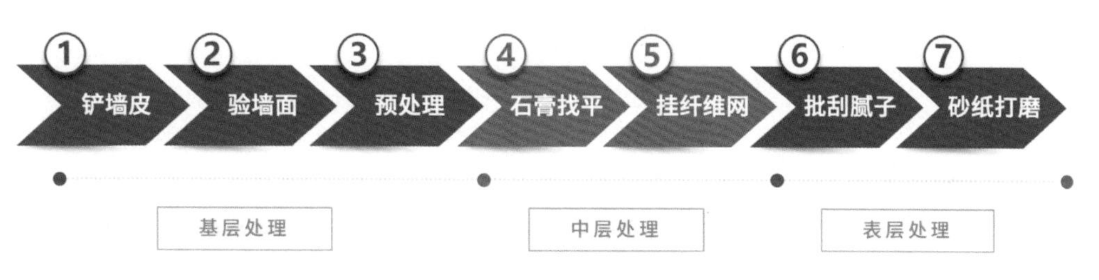

图 2-45 油工施工流程

图 2-46 所示是油工施工的现场实景，在实际施工中要注意以下几点：

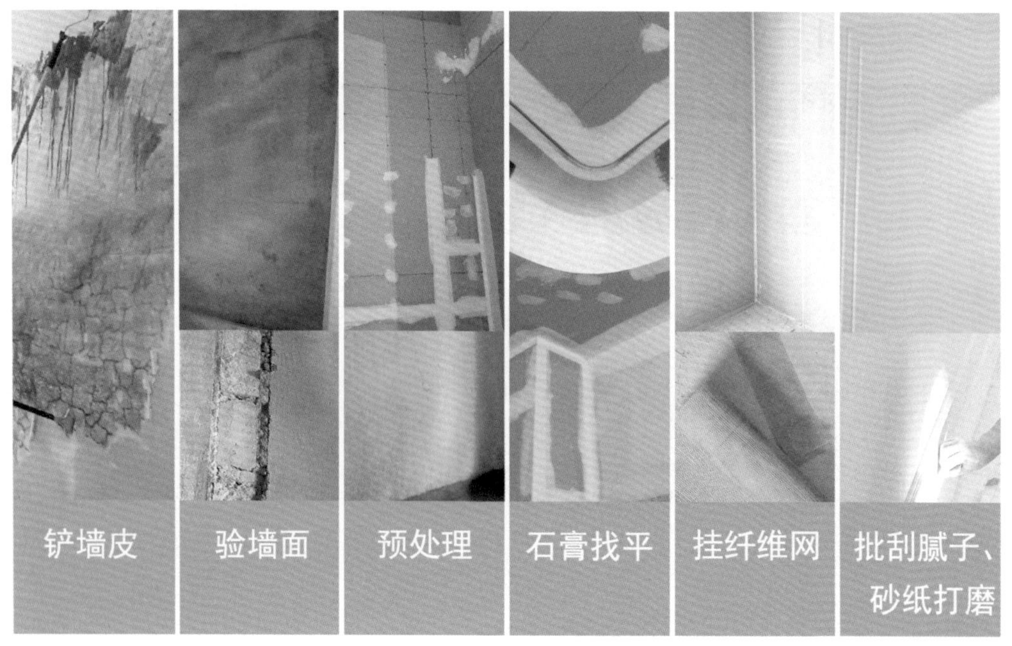

图 2-46 油工施工实景

① 铲墙皮：建议铲除原始墙面自带的腻子，预防后期粉化起鼓。

② 验墙面：主要检验的是墙体水泥灰层是否牢固，内层有无空鼓，如果存在空鼓，需要敲掉进行二次修补。

③ 预处理：预处理一般包括原始墙面填坑补漏、刷墙固、金属点防锈处理（顶面、墙面钉头粘贴防锈铝箔）。

④ 石膏找平：在材料接缝处（如墙面接缝、石膏板接缝）粘贴纸带或布带，增加强度、防止后期开裂，在高低不平处用石膏找平过渡。

⑤ 挂纤维网：挂纤维网的目的是提升墙面整体性，降低后期开裂的可能。

⑥ 批刮腻子与砂纸打磨：一般重复 1 ~ 3 遍，直到符合后续施工要求，平整要求由表面材料种类决定。

（二）油工材料

油工材料分为一共分为四类：修补类、强度类、找平类、黏结类，其主要特点见表 2-24。

表 2-24　油工材料特点统计

材料类型	特点、用途	代表产品
修补类	主要填补材料，干透后硬度较高	石膏粉
强度类	提升墙面平整性，防止沉降裂缝的产生	炭墙固（界面剂）、 纤维网（加固网格带）
找平类	墙面找平材料	腻子粉
黏结类	实现墙面与加固网格带的紧密黏结	白乳胶

注：①油工验收主要检查平整度和角落处、接口处的精细度。
②油工之后的墙面材料属于主材范畴，常见的墙面材料对施工要求不高，以正规流程施工便可。但特殊材料（如光面漆）、进口涂料或壁纸壁布一般由品牌方施工，施工前主材方会二次检验墙面平整度。
③油工施工整体难度不大，基面的平整度是重中之重。

六、杂项及收尾安装

（一）收口衔接处理

在室内设计中，收口是一个重要的环节，其作用主要是掩盖接缝、保护边缘、提升颜值等。收口的“收”意为过渡，“口”指的是交接。收口是一种工艺，更是一种设计理念的表达方式。如果将其单纯地理解为收边条衔接，那对设计的理解就过于浅显了。

由于材料不同、工艺不同、设计不同，收口方式也不尽相同，常见收口方式可以从设计感官角度，划为以下四类：自然收口、覆盖收口、材料收口、弱化收口。

1. 自然收口

自然衔接，多为墙漆撞色，同一平面上有两种不同的颜色。又因材料相同不存在缝隙，故具有主观整体感（图 2-47）。

图 2-47　自然衔接的平面示意与实景参照

自然对缝，多为同材质对缝，存在可忽略的微小缝隙。木材等天然材料对缝简单大方，具有自然感；金属等材料则稍显突兀（图 2-48）。

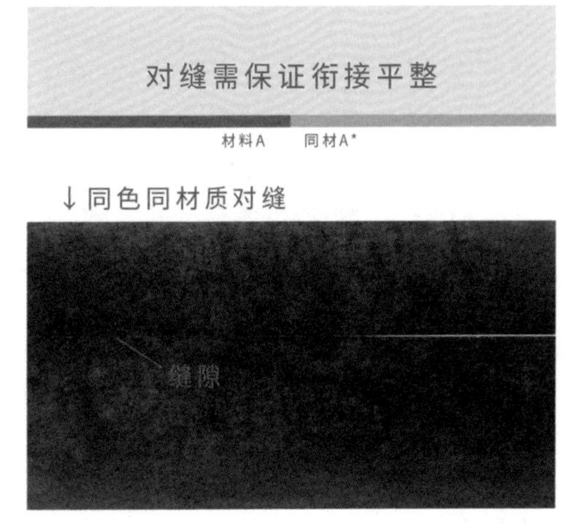

图 2-48　自然对缝

留缝收口，分为自然留缝和材料留缝。两种设计思维一致，在保留缝隙的同时满足造型的伸缩性，提升平面层次（图 2-49）。

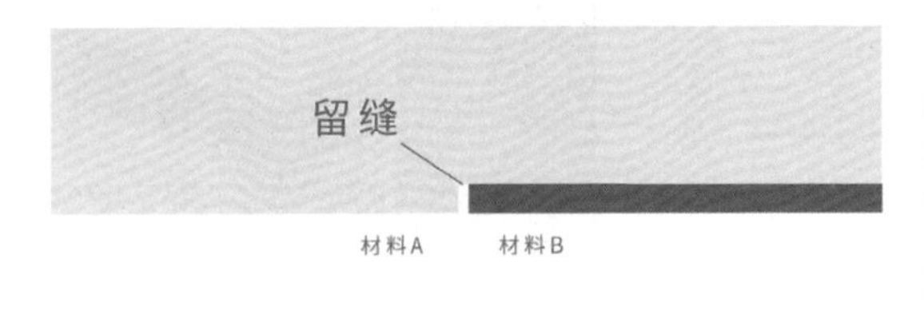

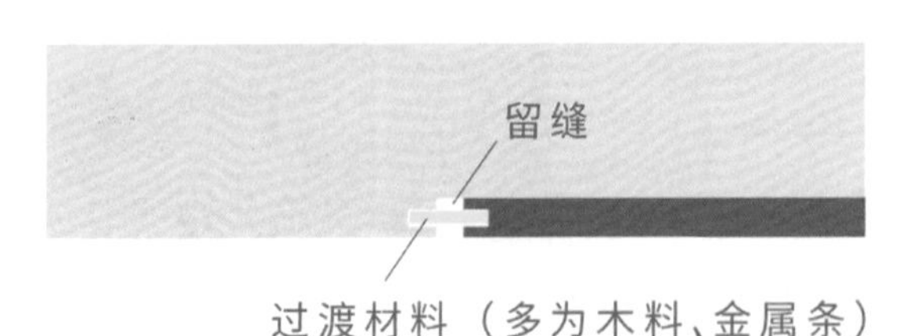

图 2-49　留缝收口的平面示意与实景参照

2. 覆盖收口

覆盖收口一般为用一种材料覆盖另一种材料，这种收口方式过渡自然、工艺简单，在实践中比较常见，如图 2-50 中的①、②所示。

覆盖收口如果存在高低差的情况，可以通过第三方材料找平，这种情况被称为错缝收口，如图 2-50 中的③所示。

还有一种情况是用第三方材料（设为 C）压盖两者，C 可以视作收边条，但与封边条不同的是，它本身亦是单独材料且多为成组使用，如图 2-50 中的④所示。

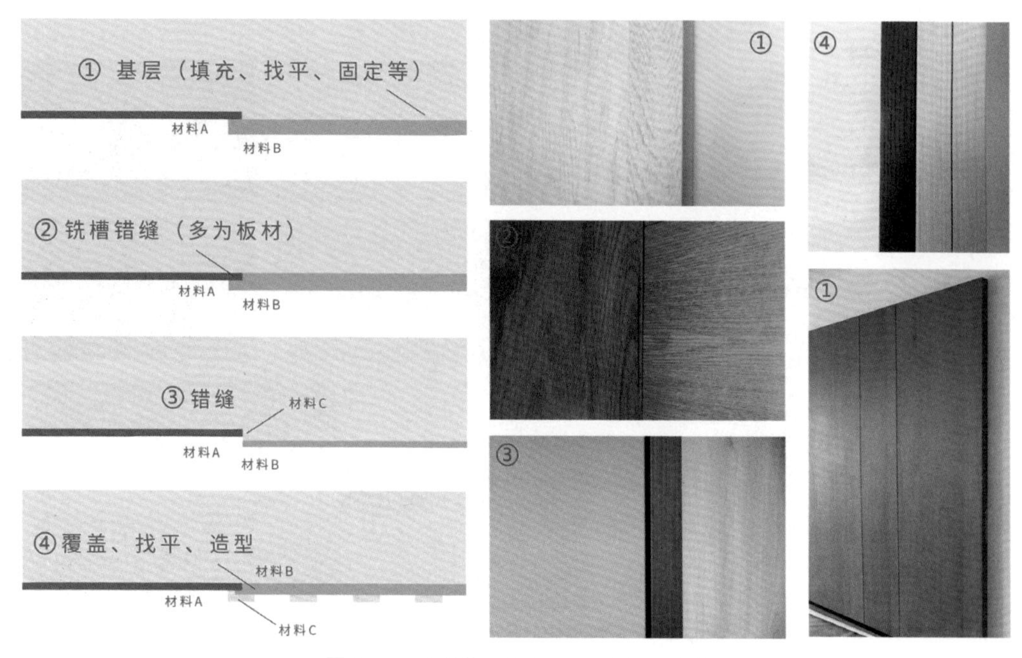

图 2-50　覆盖收口的平面示意与实景参照

3. 材料收口

当下用收边条收口是最常见的，与其他传统收口方式相比，收边条收口自然美观，更能凭借自身种类优势，得以应付更复杂的现场情况（图 2-51）。

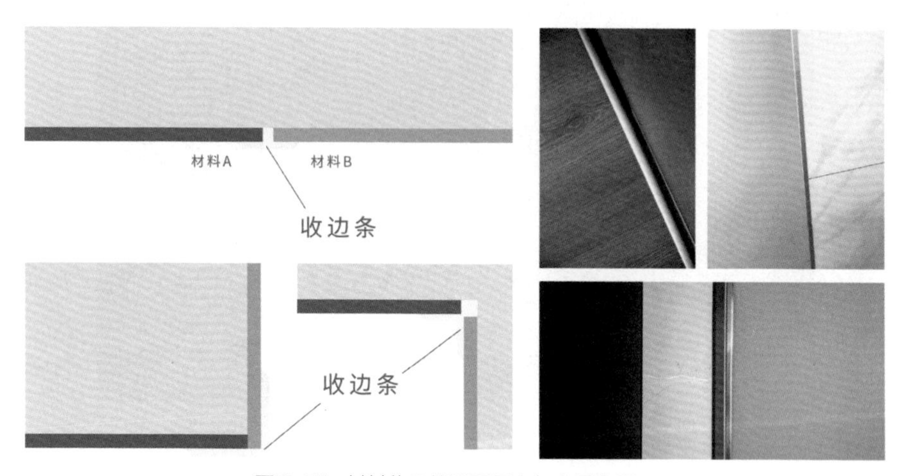

图 2-51　材料收口的平面示意与实景参照一

收边条虽然种类繁多，但核心理念是在满足视觉效果的基础上进行阴角（阳角）与平面的相互转换。

如图 2-52 所示，近几年材料收口以线形灯为代表，造型方便且美观。

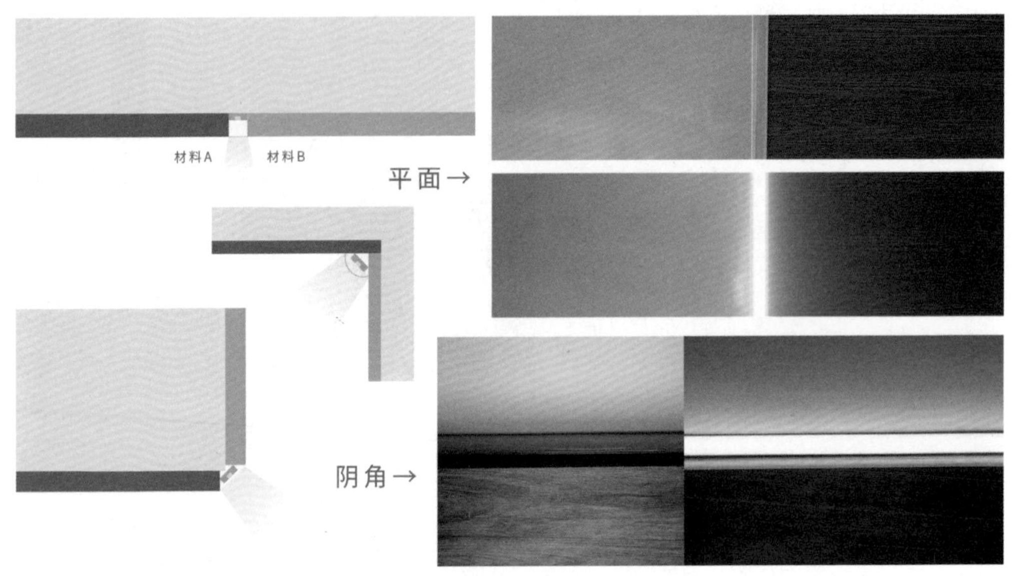

图 2-52　材料收口的平面示意与实景参照二

但在实际设计中也要谨慎选择。如图 2-53 所示，线形灯的光线不仅较为强烈，而且立面灯光更容易造成光污染，并且，这种收口在不开灯的情况下视觉效果会大打折扣。

图 2-53　线形灯收口

4. 弱化收口

倒角收口是材料从厚到薄完成过渡，从而实现减弱缝隙存在感的目的。倒圆角收口则是代替碰角的一种圆滑处理方式，常见于木材、石材收口。此类收口简单直接，亦不乏美感，多用于简约设计中（图 2-54）。

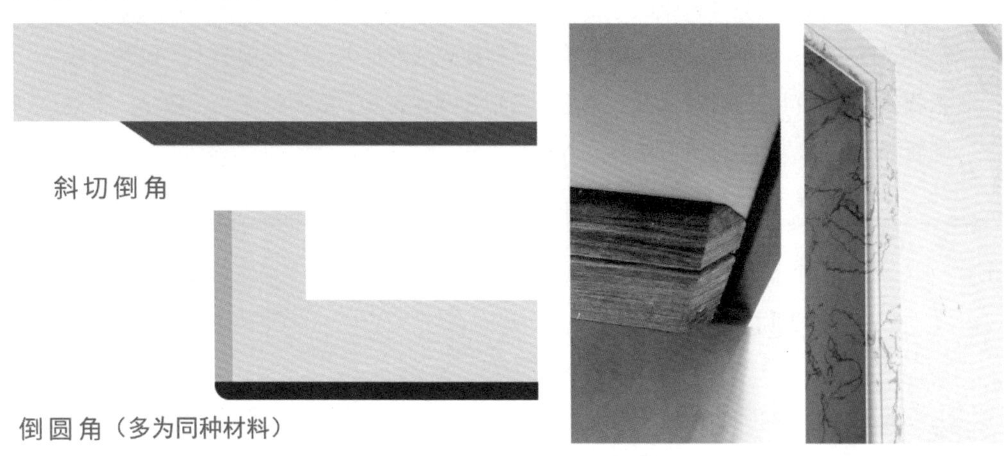

图 2-54　倒角类弱化收口的平面示意与实景参照

补缝收口一般用在相似材料之间，在项目收尾时用来修复收口的位置，使之完成自然过渡，这种收口方式一般用在局部，可以保持材料的整体性，如图 2-55 所示，填充胶补缝也属此类。

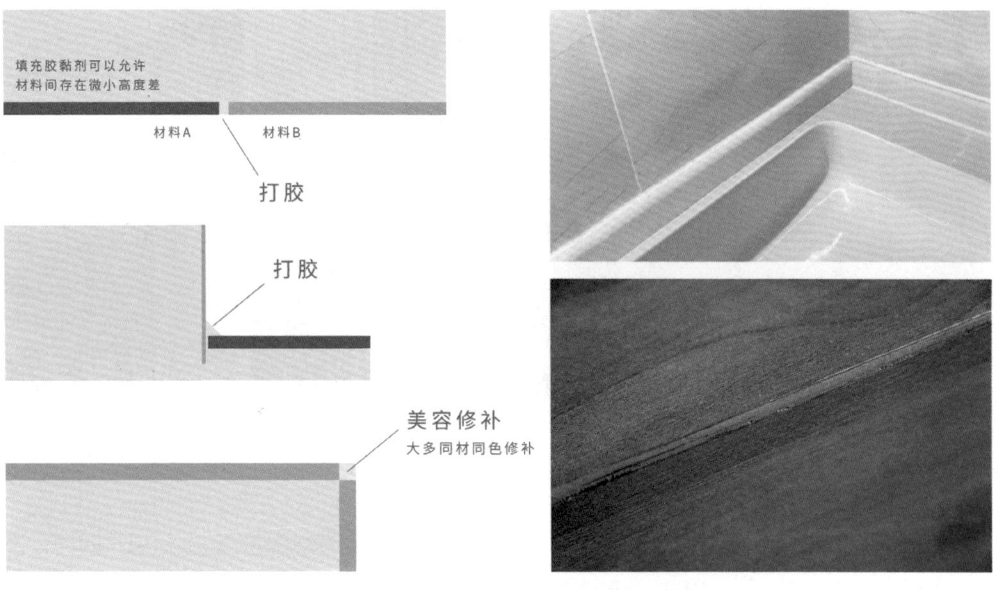

图 2-55　补缝类弱化收口的平面示意与实景参照

小 结

在实际设计中，我们首先应该确定收口位置的设计表现，或强化突出、或弱化隐藏，然后再确定具体的收口方式。自然收口、弱化收口的目的是为了让大家尽可能地忽略收口。材料收口是利用金属、石材或光线的加入，强化视觉上的过渡，或者强化收口材料，提升设计感。覆盖收口则在两者之间，既不强化也不弱化，不会随着时间脱落褪色，也不容易落伍过时。

（二）一般规方处理

由于施工水平等原因，原始户型的顶面、墙面、地面广泛存在倾斜、凹凸不平等问题。顶面一般通过吊顶解决，地面一般通过铺贴瓷砖、自流平预处理等方式进行找平。而墙面更多采取规方工艺（图 2-56）。

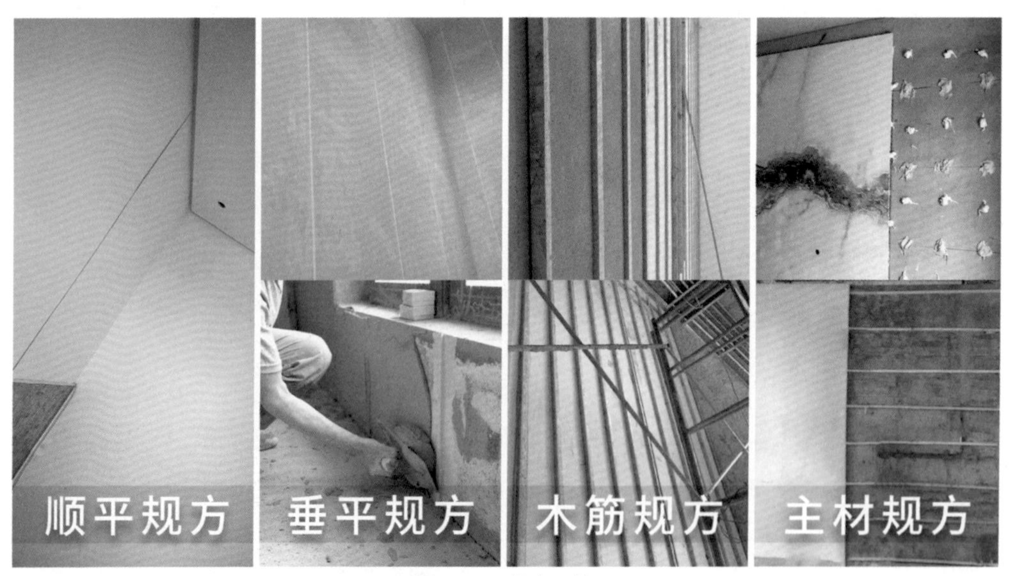

图 2-56　规方工艺

如图 2-56 所示，规方工艺共分为顺平规方、垂平规方、木筋规方和主材规方四种，这四种规方的施工方式、特点以及适用场景各有不同，详细情况见表 2-25。

表 2-25　规方工艺特点统计

种类	施工方式	特点	材料	适用场景
顺平规方	用腻子在原始墙面上多次反复批刮，以实现墙体平整	施工简单，成本低，对墙面平整度有一定的要求	石膏、腻子等	走廊、玄关、储物间等使用率较低的空间
垂平规方	用腻子在原始墙面上制作灰筋，使所有灰筋在同一水平线上，灰筋之间有一定距离，待灰筋干透，用石膏将间隔填平	施工相对复杂，成本较高，适用于误差较大的墙面	高强石膏等	灯光洗墙立面、高光乳胶漆墙面等使用率较高的空间
木筋规方	在原始墙面上每隔一定距离用木方或裁切木条做木筋固定，使所有木筋在同一水平线上，再在木筋上固定欧松板等基础材料	找平墙面的同时还可以为后续造型打下基础，缩短工时、提升效率	木方、欧松板、石膏板等	木饰面造型
主材规方	在原始墙面上固定预埋件，通过调整预埋件厚度，实现外饰面平整	主材施工，新型材料，成本低廉	集成墙板、复合墙板、瓷砖干挂、UV 板等	商业办公等工装场景

1. 顺平规方

顺平规方的误差需要保持在一定范围内（±3mm），尤其在关键区域（门窗口线区域、地脚线区域）需要保持墙面平整（图 2-57）。做顺平规方，一定要考虑局部灯光对墙面的影响。

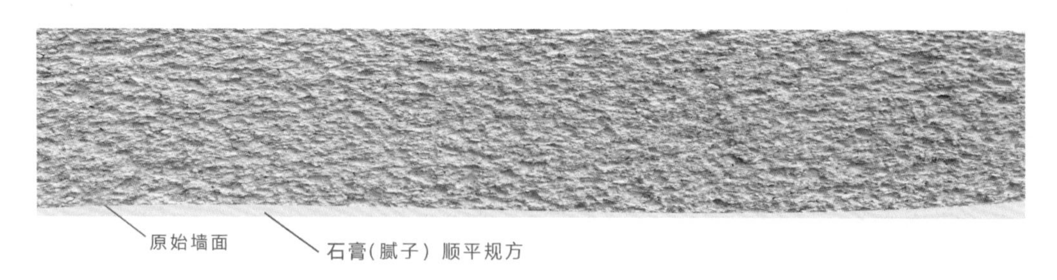

图 2-57　顺平规方施工截面示意

2. 垂平规方及木筋规方

垂平规方的工艺相对复杂，成本较高，“筋”作为规方的参照物，其他材料作为填充物。如图 2-58 所示，“*a*”代表灰筋间隔，尺寸一般为 600 ~ 1000 mm；“*b*”代表灰筋宽度，尺寸一般为 25 ~ 30 mm；“c”代表灰筋厚度，一般根据墙面高差而定。木筋规方的思路也如此。

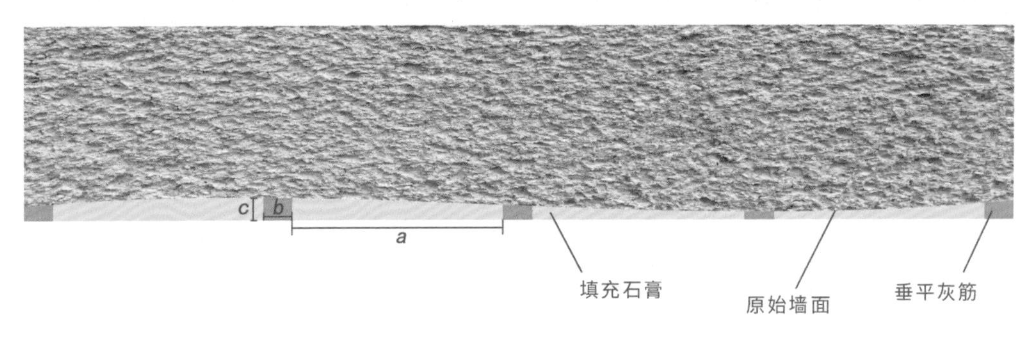

图 2-58　垂平规方施工截面示意

3. 主材规方

顺平规方可以理解为简单处理，垂平规方可以理解为全面处理，木筋规方可以理解为跳过墙面进行的处理工序。而主材规方则是跳过墙面与基面，直接进行主材安装（图 2-59）。

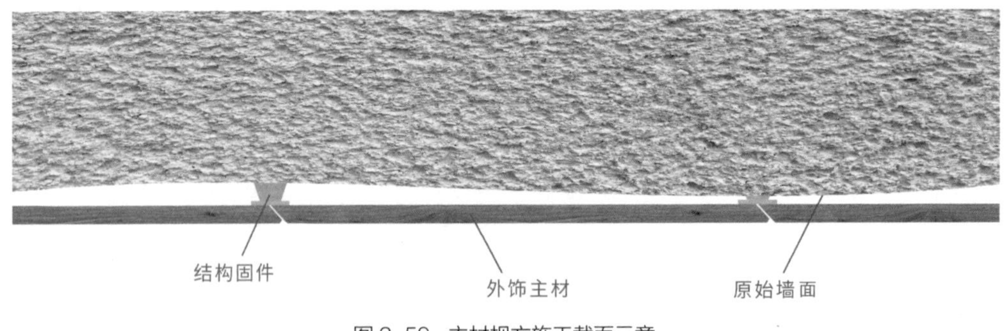

图 2-59　主材规方施工截面示意

如果主材规方施工时墙面出现明显的粉化翻砂情况，可以采用预先粉刷墙固、挂网刷浆或其他处理方式。

（三）瓷砖填缝材料

瓷砖填缝的升级基于材料与技术的革新，当下的瓷砖填缝剂无疑占据更多的市场份额，而环氧彩砂视觉兼容性更高，更具备设计优势（图 2-60）。但从设计的基础逻辑出发，即使未来出现更先进的材料，设计者对颜色、光泽、质感的考量也是永远不会变的（表 2-26）。

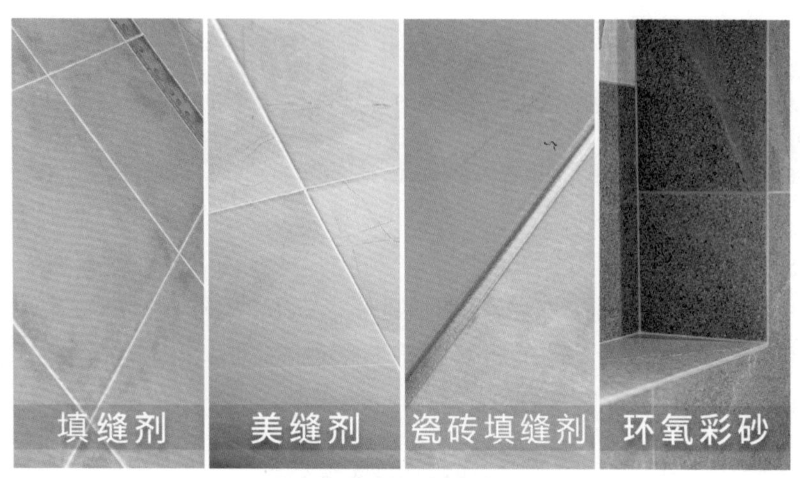

图 2-60 瓷砖填缝

表 2-26 瓷砖填缝种类

种类	成分	优势	劣势
填缝剂	白色硅酸盐水泥 + 石英粉	价格低廉，施工简单	防水性较差，容易变色
美缝剂	丙烯酸树脂 + 颜料	有较好的抗污性，施工便捷，价格较低	存在一定的收缩比，缝隙不平整、不环保
瓷砖填缝剂	环氧树脂 + 固化剂	施工便捷，强度高，防霉、防潮性好	光泽性较强（在设计中较难把控），价格较高
环氧彩砂	环氧树脂 + 石英砂 + 固化剂	质感好，防霉、防潮性较好，强度高	价格高，施工要求较高

第三节　施工交底——各工种交底时间及交底内容

在整个施工过程中，有很多问题辅案设计师无法独立解决，这时就需要主案设计师出面。但主案设计师时间成本较高，要在整个项目顺利进行的前提下尽量减少自身的时间成本，减少交底次数，因此集中交底是恰当的解决方式（表 2-27）。

表 2-27　施工交底流程

项目类型	时间节点	施工人员	参与方	说明
设计准备	施工前期	—	设计方 + 工长	针对整体项目中容易出现分歧的部分和前期墙体拆砌和空间布局进行重点交代
拆除砌筑	拆除、砌筑	力工	工长 + 力工 + 主案设计师	确定拆砌尺寸及位置，如果有土建施工需要主案设计师介入沟通
隐蔽施工	设备预留	安装人员	设计方 + 主材方	与主材方确定设备放置位置、预设高度等
	水电施工	水电工	设计方 + 水电工	确定水电点位、数量、开关等，根据设计复杂性来确定此阶段交底次数
瓦工施工	立面铺砌	瓦工	设计方 + 瓦工	确定瓷砖的立面排布方式
木工施工	木工打底	木工	木工 + 主材方	通过外饰面材料决定是否需要打底以及基底材质、厚度
	木工吊顶		工长 + 木工	与工长确定灯位、检修口以及基底是否需要加固
	木工完成		木工 + 主材方（电）+ 主案设计师	验收阶段，主案设计师到场与各主材方确定结束现场是否具备安装条件
瓦工施工	地面铺砌	瓦工	设计方 + 瓦工	确定瓷砖的地面排布方式、防水、排水、浴缸砌筑等
主材施工	石材、木作	安装人员	设计方 + 主材方	与主材方现场确认，后者量尺生产，一般木作家具在木工结束后进行此步骤（具体执行需要根据实际施工周期合理安排）
油工施工	油工施工	油工	工长 + 油工	确保基层与表层处理相匹配，各区域工艺得当
软装设计	软装落地	软装设计师	设计方 + 软装设计方	设计师与软装设计师根据预算、设计预期与当前效果调整软装，实现落地

小结

设计师无须过多注意施工，在助理时期了解施工工艺打下基础即可，人的精力总是有限的，每当进阶一步就要从一个更高的维度去看待事物。对于施工只需要掌握两点：第一，这个工序是如何完成的（原理）；第二，合理施工实现我们的设计（实践）。

第三章

装修主材

主材是装修材料的重点部分，也是衔接最多的部分，更是拉开设计差距的关键部分。本章主要从瓷砖、地板、木作三种基本主材展开，从选材到铺贴，从设计本身到与空间的衔接，实现设计的高效落地。

第一节　瓷砖

一、瓷砖基础分类

瓷砖的种类很多，大致可以概括为通体砖、釉面砖、复合砖三类，在这三类之下又通过不同的工艺进行细分从而得出名称：如瓷片其实是釉面砖中的一种，由于厚度较薄一般用于墙面，且铺贴之前需要提前浸水；而通体砖由于厚度较厚且吸水率低，一般多用于地面，铺贴之前也无须浸水。亚光砖的抗污性是指抗陈旧污渍，且其优劣程度仅次于全抛釉瓷砖，因此并不足以成为一个重要因素来考量。微晶石瓷砖全称为微晶玻璃陶瓷复合板，属于新型装饰材料，多用在工装空间。

瓷砖的类别不同，其优势与劣势也不尽相同，具体情况见表 3-1。

表 3-1　瓷砖类别

类别	名称	优势	劣势	适用空间
通体砖	抛光砖	表面光亮，视觉感强	防滑性较差，抗污性较差	客厅、玄关、走廊、卧室等
	玻化砖	砖体硬度较高，吸水性较好	样式单一，防滑性较差，抗污性较差	客厅、玄关、走廊、卧室等
釉面砖为主	亚光砖	砖面柔和，设计感强，防滑性较好	抗污性不如全抛釉瓷砖	客厅、玄关、走廊、卧室等
釉面砖	全抛釉瓷砖	纹理多样，图案华丽，色彩丰富	防滑性较差，成本较高	客厅、餐厅、背景墙面等
	瓷片	图案丰富，抗污性较强	耐磨性较差，釉面易裂	厨房、卫生间等
复合砖	微晶石瓷砖	稳定性较好，质感柔和	强度低，防滑性较差，易产生划痕	商业、办公室等工装空间

二、瓷砖纹理

图 3-1 是常见的瓷砖纹理排布方式。

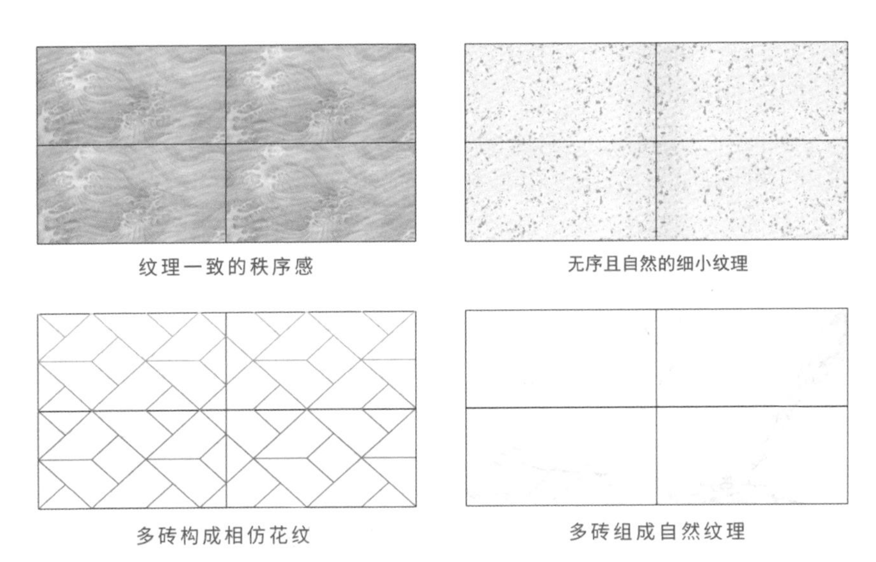

图 3-1　常见的瓷砖纹理排布方式

在实际施工中，瓷砖纹理通常是为设计效果而服务的，一般起到锦上添花的作用，并不是设计的决定性因素，尤其在当下单品设计如软装、电器、独立灯具占比更大的时代。因此，在瓷砖纹理的选择上应该简单直接，让人一目了然，拒绝抽象、晦涩、刺激的纹理。

三、瓷砖选择设计

在“瓷砖基础分类”小节中，表 3-1 是从产品的角度总结了几种常见的砖体性能，但在实际应用中，设计师不能只看性能，还要看设计的风格与美感，下面我们从设计的角度将瓷砖进行分类（图 3-2、表 3-2）。

图 3-2　瓷砖的设计分类

表 3-2　瓷砖的设计分类

类别	名称	特点	呈现效果	风格倾向	注意事项
亮面砖	抛光砖、玻化砖、全抛釉瓷砖	砖面光滑，反光率较高	奢华大气	现代、法式、轻奢、美式	注意光污染
亚光砖	复古砖、仿石砖等	反射系数较低，光污染较低	提升质感，减弱空间光感，从而实现空间层次营造	侘寂、复古、现代、中式	注意陈旧性污渍，厨房墙面与卫生间地面不建议使用此类型瓷砖
仿纹砖	木纹砖、布纹砖等	表面特殊处理以模仿其他类型材质	一般作为特定材料的替代品出现，凭借瓷砖的特性优势可以在满足设计预期的基础上方便日常使用	原木、日式、复古	运用此类瓷砖时应注意遵循其外表材质的设计逻辑
艺术砖	花砖、马赛克等	砖体精致，最大可能满足设计预期	提升空间奢华感，可配合软装增加艺术感	法式、北欧、田园、复古	避免大面积使用，作为点睛之笔可以提升设计美感

第二节　地板

一、地板分类

地板常见的几种分类如图 3-3 所示，这其中石塑地板与木塑地板都属于新型材料，在近几年的装修中其关注度有所提升。

图 3-3　地板分类

不同种类的地板其优势与劣势不尽相同，具体情况见表 3-3。

表 3-3　地板种类分析

种类	基本工艺	优势	劣势
原木地板	天然木材烘干、切割加工而成	木质感强，更环保	成本高，稳定性较差，后期维护成本较高
三层实木地板	由面层、芯板、底板三种木材上胶热压而成	木质感强，稳定性好	成本高，价格跨度大
实木复合地板	由多层实木压制而成，部分表层做强化处理	耐磨性较好，稳定性较好	耐水性差，性价比低，不环保
强化复合地板	表层为装饰纸面与三氧化二铝的强化层，基层与平衡层为高密度板、刨花板等人造材料	稳定性较好，耐磨性较好，性价比较高	木质感差，不环保

续表 3-3

种类	基本工艺	优势	劣势
石塑地板	由钙粉等材料混合塑化挤压成型	耐磨性较好，稳定性较好，性价比较高，更环保	质感差，对基层要求高，铺贴方式单一
木塑地板	由木粉等材料混合塑化挤压成型	有一定的木质感，隔声效果好，有较好的稳定性	耐磨性较差，对基层要求较高，铺贴方式单一
软木地板	取栓皮栎打碎压制成型	舒适度较好，伸缩性强，隔声、防滑性能较好	成本高，耐磨性差，后期养护成本高

结合表 3-3 中地板种类的优势与劣势：在预算充足的情况下，可以选择原木地板和三层实木地板；在低预算的情况下，强化复合地板比实木复合地板更为合适；石塑地板和木塑地板在工装中更为推荐；软木地板凭借性能优势，一般用在儿童房、健身室中。

二、地板铺设

（一）基本铺设方式

地板的铺设方式有很多种，图 3-4 是常见的地板铺设方式。不同的铺设方式会带来不同的观感效果和风格倾向，同样的，铺设方式不同所带来的损耗也不尽相同。

图 3-4　地板常见铺设方式

从表3-4中我们可以发现，类似工字拼、三六九、田字拼这样规整的铺设方式，偏向保守，稳重大气，适合营造秩序感。人字拼、鱼骨拼这类铺设方式让空间更具变化，如果说鱼骨拼还有保守的倾向，那么人字拼更倾向于时尚，适合不拘一格的设计。拼花地板的成本稍高，随之带来的是考究的奢华感，在大宅设计中，是可以提升格调的利器。

表3-4 地板铺设方式损耗分析

铺设方式	损耗	特点	风格倾向
工字拼	3% ~ 6%	经典、规整，偏稳重	美式、日式
三六九	3% ~ 6%	经典、错落有序，偏保守	美式、日式
人字拼	6% ~ 7%	错落、时尚，有设计感	现代、简约
鱼骨拼	7% ~ 9%	有序、有设计感，空间有延伸感，有较强的品质感	北欧
田字拼	1% ~ 3%	复古、规整，损耗较小，比较小众	法式、复古
拼花	须根据拼花样式进行估算，无法统一估算	复古、奢华，有品质感，稍显繁复	法式、欧式、复古

就铺设方式来说，缝隙越浅，对整体空间的影响就越小，实践应根据现场空间考量。

（二）基底处理

常见的地板基底处理方式一般有两种：一种是龙骨铺设，地板不直接接触地面（图3-5）；另一种是确保地面水平后，直接铺设地板（拼接或用黏结剂固定，图3-6）。前者可以在提升地板触感的同时在一定程度上提高隔声防潮的效果，而后者则在实际应用中更加简单，造价低。

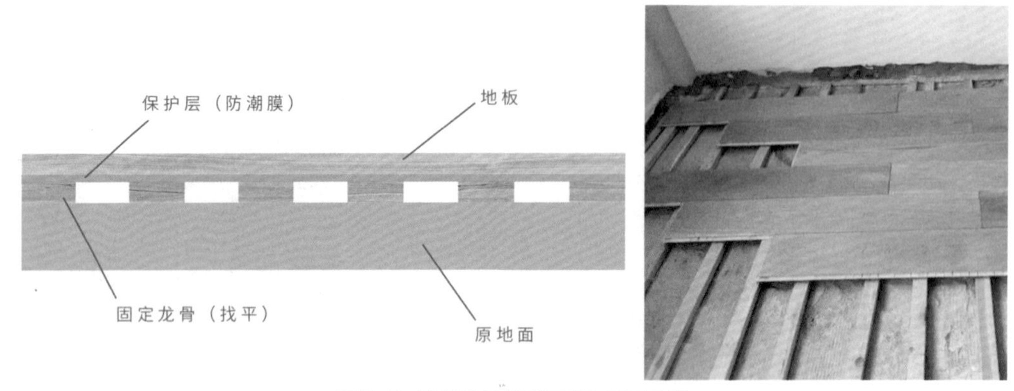

图3-5 地板龙骨铺设示意与实景参照

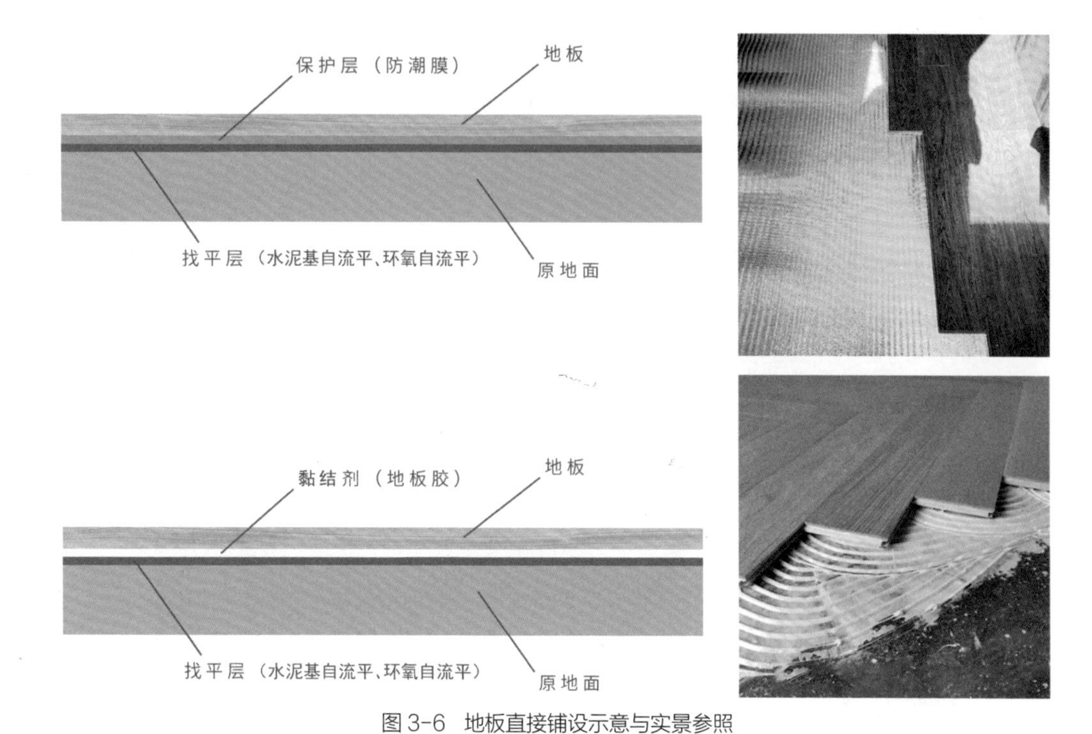

图 3-6 地板直接铺设示意与实景参照

许多精装房改造项目中，为了不进行大面积拆改，一般选择通铺全屋地板。在公共区域直接铺贴，房间内则拆掉原有地板，固定龙骨，二次铺贴。

龙骨铺设多数选择使用木龙骨，在地面无法打钉固定的情况下（如有地暖），可以采取铺贴地砖条的方式来做砖龙骨。

小结

地板可以说是所有地面材料中最具亲和力的，设计取用的是它的天然木质感，其独特的温和性是砖石所不及的。

在实际选择中，注意不要脱离木质本源，尽量避免选择与实际相悖的地板颜色，曾经昙花一现的仿瓷地板显然是不符合地板设计本质的。

第三节 木作及全屋定制

一、常见板材分类

目前市场上较为常见的板材类型如图 3-7 所示。

图 3-7 常见板材类型

就板材来说，缝隙多的防潮性一定不如缝隙少的，用胶多的环保性一定不如用胶少的，但这些都是相对而言，且差距并没有大到值得焦虑的程度。当客户开始焦虑时，设计者更应清醒、理性、客观地给出建议。

除轻工辅料类的欧松板、奥松板之外，主材类板材的环保性受价格影响颇深。在预算充足的前提下，尽量选择环保性更具优势的材料（表 3-5）。

表 3-5 板材种类分析

名称	种类	工艺	特点	用途
欧松板（轻工辅料）	刨花板	桉树、杉木碎热压成型	表面粗糙，环保性好	一般用作基底处理
实木颗粒板（主材）		木碎热压成型，外饰面一般为三聚氰胺	环保性较好，强度较高，防潮性一般	一般作为定制家具的主要材料

续表 3-5

名称	种类	工艺	特点	用途
奥松板（轻工辅材）	中密度纤维板	蒙达利松碎热压成型	稳定性好，板材标准规整，环保性较好	一般用作家具隐藏框体基底处理
密度板（主材）		木碎、木纤维热压成型，外饰面多为覆膜或者烤漆	造型能力强，防潮能力较差	一般用于定制柜门
细木工板（主材）	胶合板	中间为木条，两侧加胶压制，外饰面一般为三聚氰胺	环保性一般，防潮性较好	一般作为定制家具的主要材料
多层实木板（主材）		木皮交错铺贴层层压制而成	环保性较好，防潮性较好	

二、常见饰面分类

图 3-8 所示是目前市场上较为常见的定制家具饰面种类。

图 3-8　常见饰面类型

就目前而言，双饰面依旧是市场主流，预算足够的话可以选择木饰面或者烤漆饰面。西式风格的造型板材选用 PVC 饰面较为合适，时尚单色、肤感好可以考虑聚对苯二甲酸乙二醇酯（PET）饰面（表 3-6）。

表 3-6　常见饰面特点分析

种类	材料	特点	设计倾向
双饰面（三聚氰胺浸渍胶膜纸饰面）	三聚氰胺浸渍胶膜纸	图案生动，仿真度高，价格低	大部分饰面
PVC 饰面	聚氯乙烯	可塑性强，舒适度较高	美式、法式造型柜门
PET 饰面	聚酯塑料	易清理，造价低	偏现代风格
烤漆饰面	油漆	效果好，造价较高	偏轻奢、现代风格
木饰面	薄木片	造价较高	中式、原木、侘寂风格等

三、板材封边处理

图 3-9 所示是板材封边的几种常用方式，分别为：乙烯 - 醋酸乙烯酯共聚物（EVA）封边、聚氨酯泡沫（PUR）封边以及激光封边。

图 3-9　板材封边种类

表 3-7 为封边种类分析，根据表中所提供的信息可知，激光封边在美观性上优势较大，其次是 PUR 封边，EVA 封边的美观性较差。但综合来看，PUR 封边的性价比较高，激光封边和 EVA 封边的性价比稍差。

表 3-7　饰面封边种类分析

封边种类	材料	工艺	优势	劣势
EVA 封边	PVC、ABS、亚克力	涂胶黏结	成本低，工艺简单	用胶量较大，高温易开胶，胶线明显，不适合浅色板材
PUR 封边	PVC、ABS、亚克力	湿气固化	稳定性好，不会受热开裂，有一定的美观性	价格较高
激光封边	ABS	免胶工艺、激光焊接	美观性较好，真正实现了封边条与饰面一体化	性价比较低

四、柜门铰链选择

柜门的开合方式和外观一般都与铰链的选择有关，图 3-10 所示是柜门铰链的几个类型。

全拍门一般选用直弯铰链，完工后柜门可以将侧边封板完全遮盖，视觉上也会更加简洁、干净，适合极简风格；半盖门一般选用中弯铰链，这种铰链会使得柜门遮盖住部分封板（中立板）；掩门则是选用大弯铰链，柜门不会遮盖侧边的封板，而且还可以进行套色设计，视觉效果更好（图 3-11）。

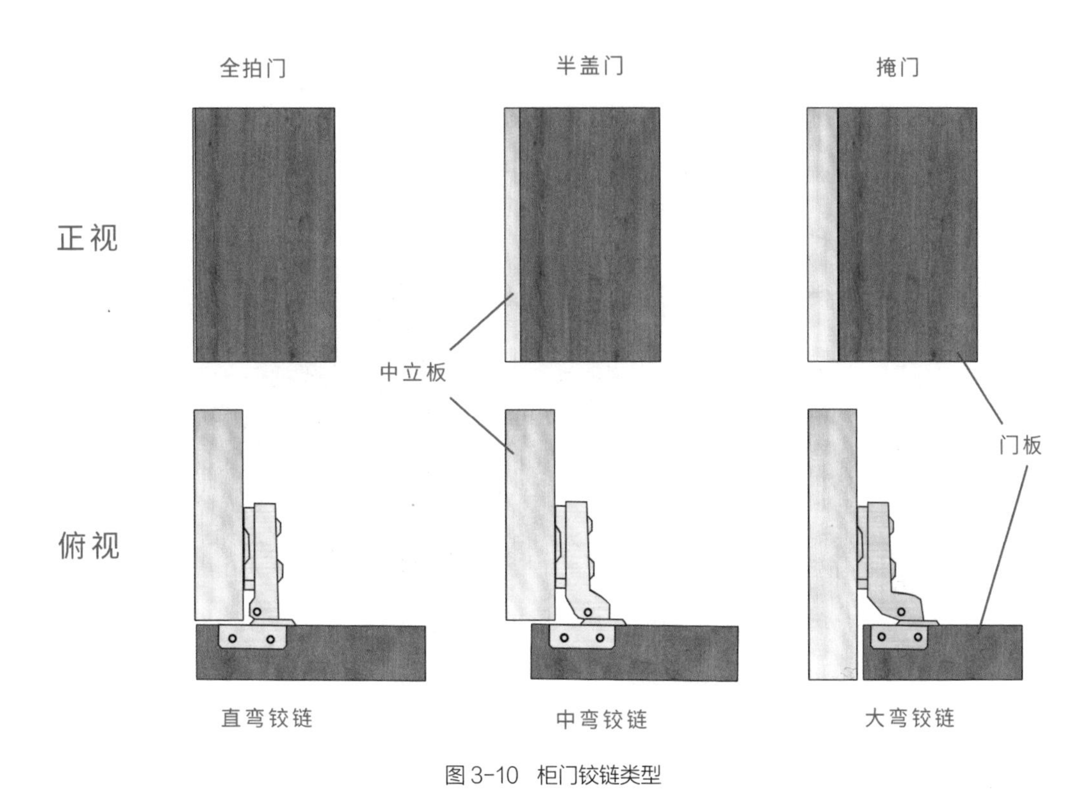

图 3-10 柜门铰链类型

图 3-11 柜门铰链类型实际应用

五、柜门把手选择

柜门的把手一般可以分为明装式、暗藏式、无把手三类，具体选择哪种类型的把手需要参考整体的设计风格。图 3-12 所示是这三类柜门把手的实景。

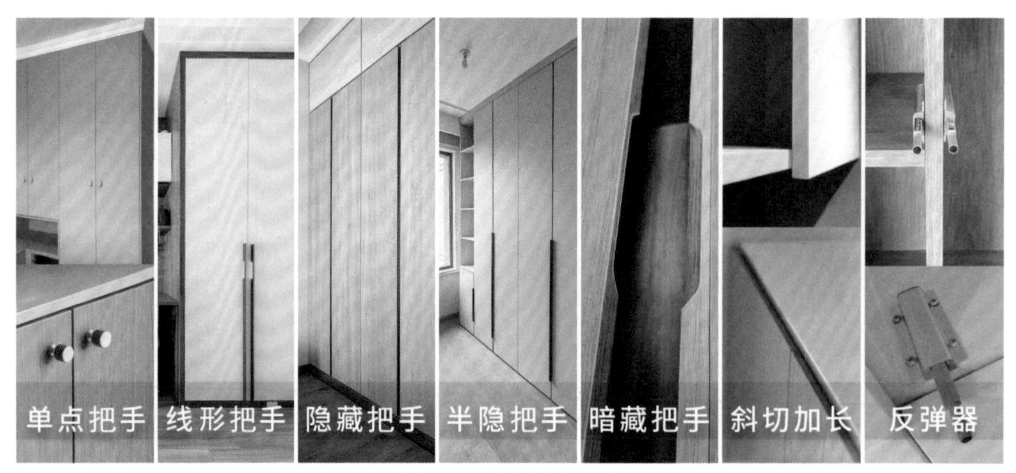

图 3-12 柜门把手种类

不同种类的把手有不同的特点，具体情况见表 3-8。

表 3-8 柜门把手种类特点分析

种类	名称	特点
明装式	单点把手	简约、干净，配合设计可实现精致感，方门、小门使用居多
	线形把手	简单、利落，通过长度及外形变化来适应各种柜体风格
暗藏式	隐藏把手	隐藏设计是通过去除把手来体现柜体的简约设计的，但这里的“去除”不是单纯的去掉，而是将把手与柜门看作一个整体，把手是柜门的一部分
	半隐藏把手	
	暗藏把手	
无把手	斜切加长把手	取消把手可以让柜体与空间的融合感更强，与暗藏式不同，无把手的柜体整体感更强
	反弹器	

六、基础收纳设计

一般从三个方面进行考虑：收纳空间、收纳点位与收纳类型。

如果在项目设计中有专业的木作设计师，则需要在前期将客户的基本信息与平面设计方案交由木作设计师，待木作方案完成后，我们设计审核同样从这三个方面出发引申出以下要求：

① 收纳面积（投影）不应小于全屋使用面积的 10%。房屋越小，收纳面积的比例越高。

② 收纳空间（体积）人均不应小于 $3m^3$。

③ 收纳设计时应由局部（私人房间）到整体（全屋），储物点位适当分散，避免聚集。

④ 收纳的基本理念在于能藏则不露，最大限度地为设计提供可操作空间。

⑤ 因为收纳的核心是物品，所以在设计时需要考量被收纳物的尺寸、数量、功能、储存条件等，并与屋主进行详细沟通。

七、一般报价方式

（1）分体报价（多为工厂提货报价方式）

总价 = 展开面积（长 × 宽 × 单价）+ 附属件（五金 + 照明 + 其他）

（2）投影报价（投影计算多为商场报价）

总价 = 投影面积（正视图不考虑内部结构及柜体厚度）+ 附属件

小 结

本章主要讲解了装修中的几种核心主材，作为设计者在实践中应先看材料的设计空间，再看产品本身，最后才是横向对比。

实现单一设计效果的材料一定不止一种，设计的灵活性就体现于此。对于产品而言，性价比很重要；对于设计者而言，设计成功与否基于设计效果与成本预算的权衡。

判定一种材料的优劣，一定要结合市场占有率。看其各项性能是否纯粹，鱼与熊掌不可兼得。

第四章

报价与成本控制

本章主要解决装修中的造价问题，无论是设计师控制成本，还是屋主规划预算，掌握了“钱”，就掌握了装修的主动权。

第一节 成本配比及交付顺序

一、成本配比

整个装修施工中，各个部分所占的比例不同，成本配比自然也不同，图 4-1 所示是大部分装修施工的成本配比。

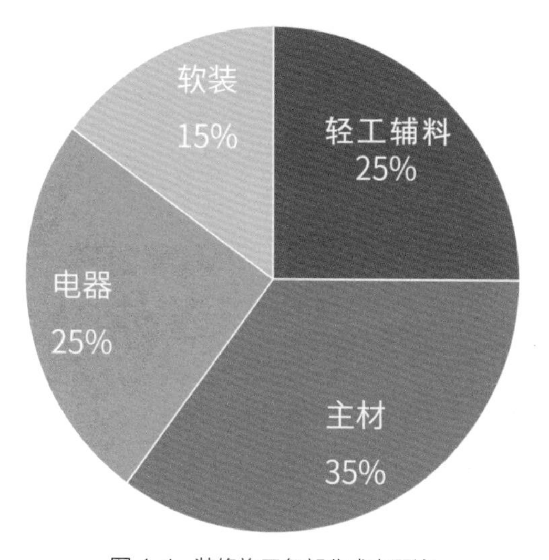

图 4-1 装修施工各部分成本配比

这个比例随着风格变化而变化，当材料（主材 + 轻工辅料）预算一定时，选择以下几种装修风格要注意各部分之间的比例：

① 现代极简：轻工辅料比重增加，主材比重减少。

② 法式风格：主材比重增加，轻工辅料比重减少。

③ 意式轻奢：主材比重增加，软装比重增加。

这里的比重增加或减少的数值一般在 3% ~ 12% 之间浮动（详细情况请根据实际情况调整）。

以上是结果，那么导致这种结果的原因又是什么呢？让我们回到尚未控制预算之前，提前一步进行成本拆分。

图 4-2 所示是装修项目的预算金字塔。如果投资是完成项目的前提条件，那么完成效果就是设计目的，轻工辅料是整个项目的基础。主材与软装组成了效果呈现部分，两者互补且存在竞争关系（争夺预算）。

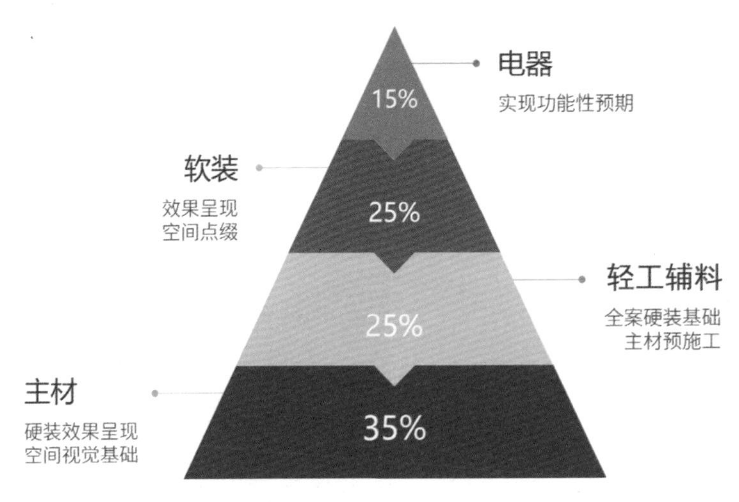

图 4-2　装修项目的预算金字塔

因为空间的组成元素时刻存在竞争关系，你进我退，反之亦然，所以当主材纹理丰富、奢华美观时，软装就要适当退让，让出视觉重点，反之也是一样（表 4-1）。

表 4-1　装修施工各部分影响成本因素

种类	影响成本因素（正相关）
轻工辅料	施工打底、石膏线、雕花、顶面造型等
主材	木作、石材等
软装	成品家具以及特定风格摆件等（中式、美式、法式、意式）
电器	智能家居、水循环、空气循环

如果互不退让，让空间中出现多个主角，那么空间就没有了主角，也就没有了空间重点。这也是新手设计师经常犯的错误之一，空间要素过多，乍看琳琅满目，再看乏善可陈。

第二节　成本控制基本方法

一、确定成本标准

标准是对一件重复性事物的统一规定，也可以称之为合格线。因此在学习设计之初，学习的重点并不在于设计基础，也不在于施工工艺，更不在于思想理念，而在于标准规范。这里的标准不仅是国家标准或是人体工程学数据，更是一个平衡点、一个参照物、一块让你构建职业生涯的基石。

回归主题，如果你问一个设计师，在本地简装、中装、精装 1 m^2 分别是多少钱？许多设计师很难准确的告诉你。但如果换个问题，一间 60 m^2 的标准住宅，在不简陋的情况下，最低预算是多少呢？

别墅设计师会说 20 万；套餐设计师会说 9 万，但是不包含某某材料、某某施工，可这些不包含的东西正是变量所在，存在变量就无法精准。这就是缺乏标准，不同类型的设计师被困在了各自的战场。

以北方某地区为例，轻工辅料施工（基础设计、简单造型、普通材料），建材市场工长每平方米为 320 ~ 380 元（轻工辅料），合作工长在保证质量的前提下每平方米不低于 400 元（如果设计复杂还会浮动）。现在取每平方米 400 元的最低轻工辅料施工价定为本地简装标准价，制作数据表格（表 4-2）。

表 4-2　装修预算标准分析

装修标准	轻工辅料 /（元 /m^2）	主材 /（元 /m^2）	软装 /（元 /m^2）	电器 /（元 /m^2）	总预算 /（元 /m^2）
简装	400	560	400	240	1600
中装	600	840	600	360	2400
精装	800	1120	800	480	3200

注：此表主要作用是参考。在实际应用中，以当地实际价格为准。

以轻工辅料成本作为核算基础是比较准确的，轻工辅料材料价格稳定、工费透明，即使是非业内人士，货比三家，也能在几天内了解合理报价。

表 4-2 中的价格数据仅供参考，在实际施工中存在上下浮动的可能，但浮动区间一般会在百元以内，影响不大。简装价格依旧有不小的压缩空间（牺牲其他变量），而精装的价格上不封顶。

各地区价格受物价与区位因素所影响，如哈尔滨的别墅设计公司的轻工辅料价格一般在 1200 元 /m^2 左右，而同等品质下（包括材料、工艺），厦门、三亚的价格为 1600 ~ 1800 元 /m^2。这里的价格为公司报价，同品对接工程队的话，报价会在原价的基础上下调 35% 左右。

当我们对价格有了清晰的认知，也就对施工、材料、软装三方面的预算和造价有了更强的掌控，提高利润的同时也给设计本身争取到了更大的操作空间。

二、切入点与核心思路

（一）成本控制的切入点

图 4-3 所示是控制成本的主要切入点。

图 4-3　装修成本控制主要切入点

从这三个切入点进行细化可以得到表 4-3。因为施工的过程通常存在不可控因素，所以从设计与材料方面更容易控制成本。

表 4-3　装修成本控制分析

环节	方式	举例	方法	思路
设计	减少设计造型	跌级悬浮顶	改为跌级吊顶	简化施工，节约材料
	剔除无用元素	砌筑隔断	用柜体代替	提高空间利用率，节约施工费用
	设计物品代替	壁灯预埋	改为插座电源，选用成品灯具	满足使用的同时节省施工与材料成本
施工	工期紧凑合理	木工、瓦工、油工完工后主材量尺生产	木工、瓦工、油工施工周期可相互交叉，主材确定尺寸可在油工之前完成	减少工期空白，压缩时间成本
材料	新型材料使用	硬包背景，木墙板，金属、石膏造型	可用 PU、石塑、木塑等新型材料、工装材料代替	在保证效果的基础上，用低成本材料替换高成本材料
	材料类型替换	大理石	改为仿大理石瓷砖，背景墙选用连纹瓷砖	材料类型作用基本一致，可灵活替换
	相似视觉替换	微水泥材料	可用水泥漆与仿微水泥瓷砖代替	视觉效果一致，材料价格不同

（二）成本控制的核心思路

成本控制的核心思路是转换，如图 4-4 所示，在总成本确定的情况下，投资成本、品质预期、时间成本三者之间相互影响，那具体该如何取舍呢？

图 4-4　装修成本控制的核心思路

如果牺牲品质预期选择替代材料，那么效果会在一定程度上存在差异，如果想要缩减投资成本但又不想降低品质预期，那么只能增加时间成本。如许多装修类的网络博主，他们的装修成本大多都低于市场，这是由于他们在施工中亲力亲为的缘故。轻工辅料散工与专业团队之间是存在差价的，当我们去工地对比时就会明白这些差价差在了哪里。

综上所述，我们可以知道控制成本并不是单纯地节省资金，而是在有限的成本内达到最优的效果。比如，5 万元成本实现 10 万元落地效果和 6 万元成本实现 15 万元落地效果，显然后者更具价值。我们甚至可以认为，后者的成本比起前者的成本更低。

但这样的效果该如何达成呢？这就要看设计侧重与成本回报率了，表 4-4 为装修成本回报率的综合分析，以改善型住房为例，简单整理。

表 4-4　装修成本回报率综合分析

成本回报率	轻工辅料造型	材料选择	软装电器
较高	墙壁造型、空间格局	木饰面	沙发、桌椅、装饰灯具
一般	顶面造型、灯光设计	背景墙、瓷砖	窗帘针织品
较低	地面、近地造型	涂料、大理石、岩板	装饰陈设、空气系统

小 结

公共空间的成本投入应大于私密空间的成本投入，不可替换的成本投入应大于可替换的成本投入。

第五章

空间尺度与布置逻辑

本章主要阐述平面空间的布置思维。尺寸量化与动线是平面布置的基础。从居住者角度明晰主观诉求，再从平面布置角度实现目的才是重中之重。

第一节　基本概念

关于空间尺度与布置，大家习惯性地称之为人体工程学。但其实这个概念来源于工效学，原本是用来研究在生产系统中人、机器与环境之间的关系。

在室内设计中，人体工程学经过不断地扩展与进化，已经不仅仅是人与桌、椅、柜台之间的使用尺寸、视觉尺寸或者间接尺寸问题了，而是更加以人为本。比如，墙壁挂画的高度，一般来讲会依据人体视平线的高度而决定，可如果挂画为正方形的小幅挂画，这样的高度是否合适？如果挂画为长幅挂画，画作重心偏下，是否依旧适用呢？

如图 5-1 所示，空间尺寸的基础逻辑以居住者为根本，细化出三个基本要求，每个要求对应各自的尺寸设计范围。每个尺寸设计范围受居住要求与影响的同时，也受到不同外力的影响。因此，落地尺寸的产生是多方因素共同影响的结果，是相对合理的，甚至说是不完美的。

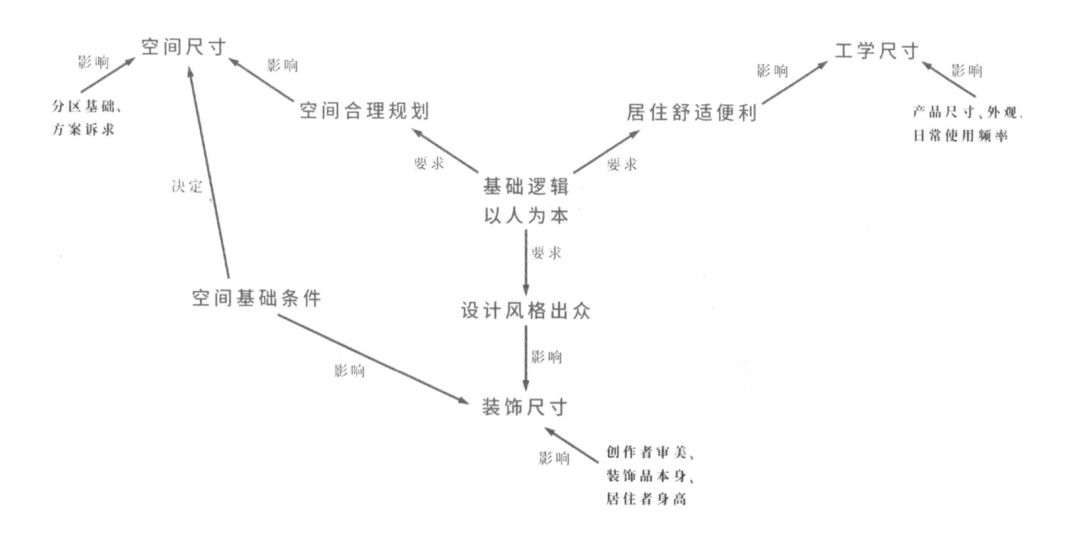

图 5-1　空间尺寸基础逻辑

第二节　被量化的尺寸

一、空间基本尺寸

（一）玄关

图 5-2 所示是不同情况下玄关区域的基本尺寸，简单总结为以下几点：

① 走廊宽度：900 ~ 1500 mm。

② 两人错身宽度：1100 mm。

③ 双人并行宽度：1300 mm 以上。

④ 门框宽度：800 ~ 900 mm。

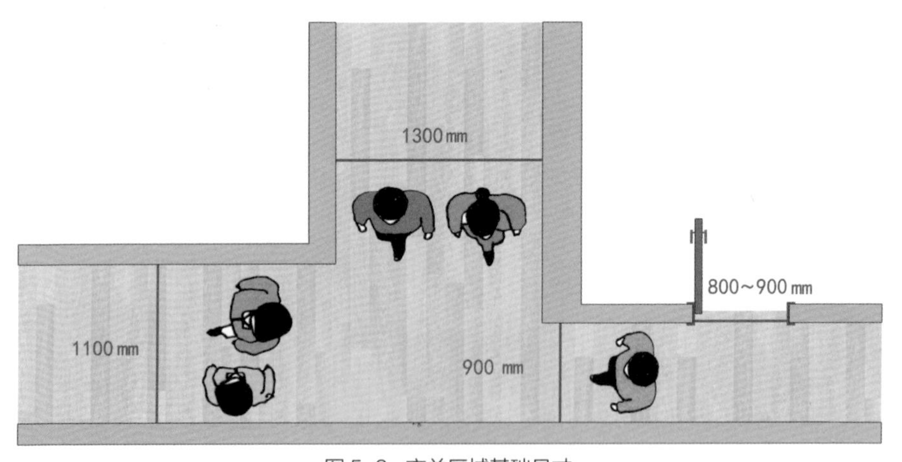

图 5-2　玄关区域基础尺寸

（二）客厅

图 5-3 所示是客厅区域的基本尺寸，简单总结为以下几点：

① 沙发与茶几之间的距离：450 ~ 550 mm。

② 茶几高度：沙发座高 +（20 ~ 50）mm（具体情况要根据沙发类型）。

③ 边几高度：沙发扶手高 +（10 ~ 30）mm。

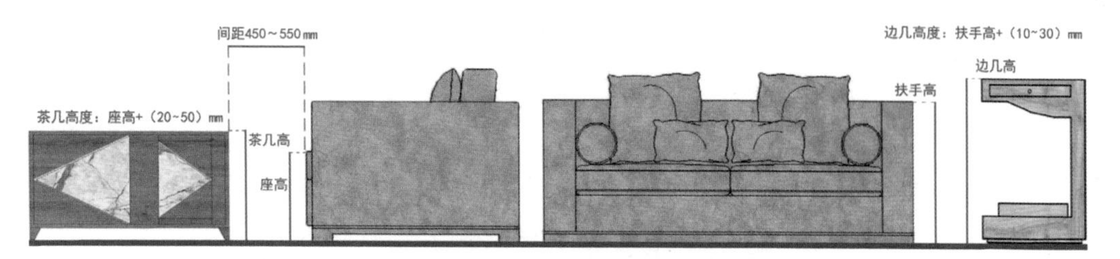

图 5-3　客厅区域基础尺寸

（三）卧室

图 5-4 所示是卧室区域的基本尺寸，简单总结为以下几点：

① 床边距墙面：500 ~ 800 mm。

② 床边距衣柜：800 ~ 1200 mm。

③ 床尾距墙面：450 ~ 800 mm。

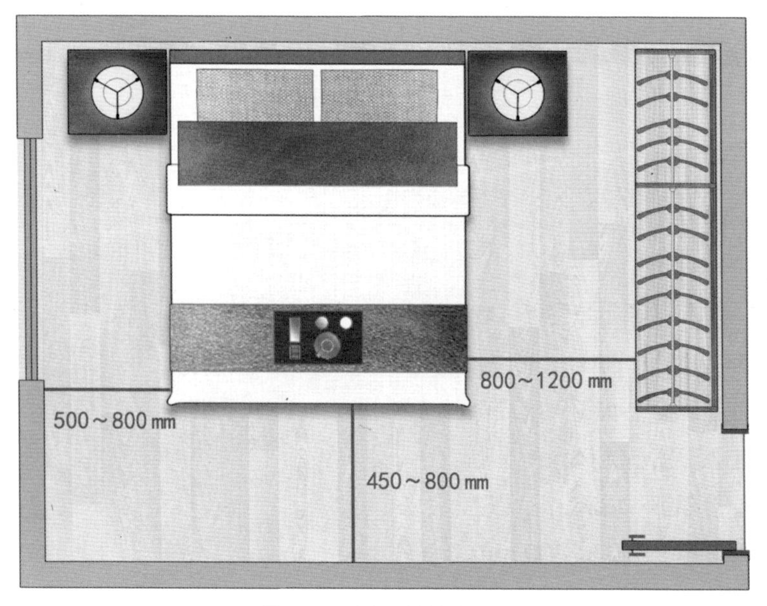

图 5-4　卧室区域基础尺寸

（四）厨房

图 5-5 所示是厨房区域的基本尺寸。简单总结为以下几点：

① 台面高度：720 ～ 980 mm。

② 吊柜深度：350 mm。

③ 吊柜与地柜之间距离：700 ～ 800 mm。

④ 台面深度：600 mm。

⑤ 操作区宽度：600 ～ 800 mm。

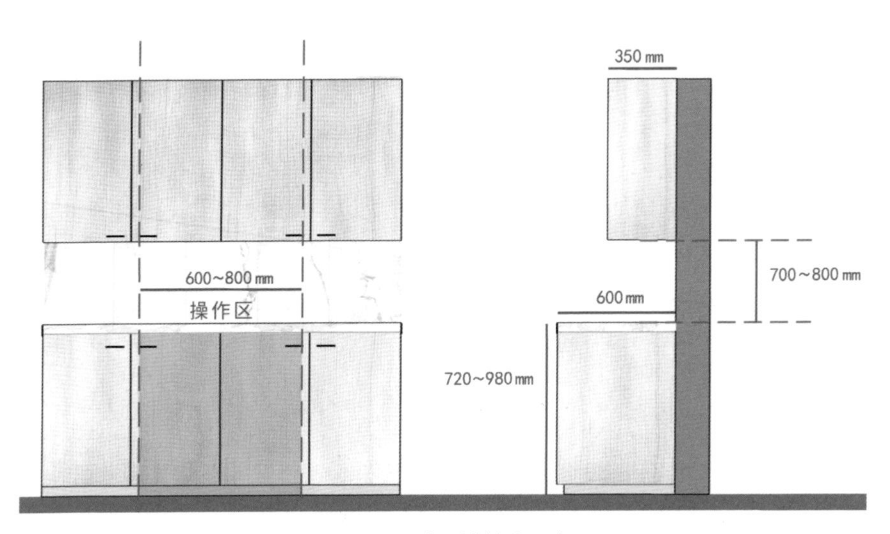

图 5-5　厨房区域基础尺寸

（五）餐厅

图 5-6、图 5-7 所示是餐厅区域的基本尺寸。简单总结为以下几点：

① 单人座位宽度：700 ～ 800 mm。

② 单人座位深度：450 ～ 600 mm。

③ 餐桌出入预留：950 mm 以上。

④ 过道宽度预留：1300 mm 以上。

⑤ 吊灯距餐桌：600 ～ 800 mm。

⑥ 吊灯距地面：1400 ～ 1600 mm。

⑦ 吧台高度：900 ～ 1100 mm。

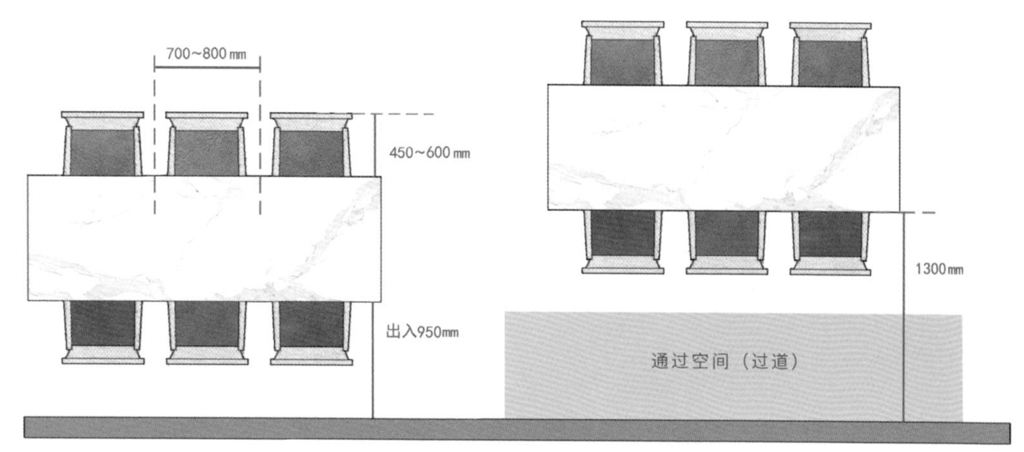

图 5-6　餐厅区域基础尺寸一

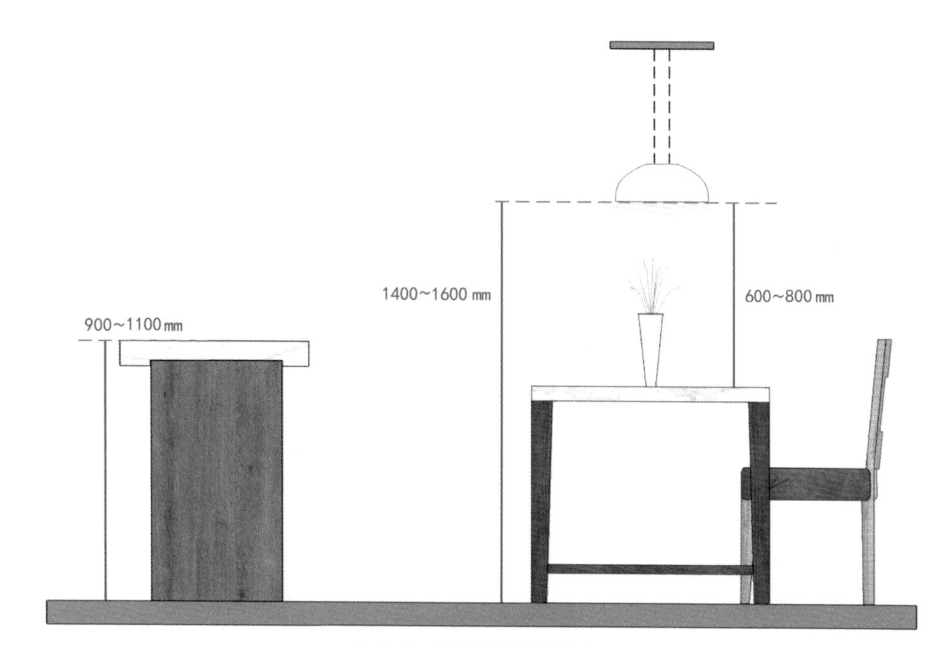

图 5-7　餐厅区域基础尺寸二

小帖士

餐厅尺寸要以固定物品为准，餐桌周围尺寸要以餐桌为基准，如果以餐椅为起始标注的话，那么在实际施工中误差将会较大。

餐桌的种类与形式一般都基于空间条件与饮食习惯，在实践中应以实际情况而定。

（六）卫生间

图 5-8 所示是卫生间区域的基本尺寸。简单总结为以下几点：

① 淋浴区长度：800 ～ 1000 mm。

② 淋浴区宽度：850 ～ 900 mm。

③ 马桶区宽度：800 ～ 900 mm。

④ 手盆台面宽度：开放空间 700 mm 以上、封闭空间 850 mm 以上（有隔断）。

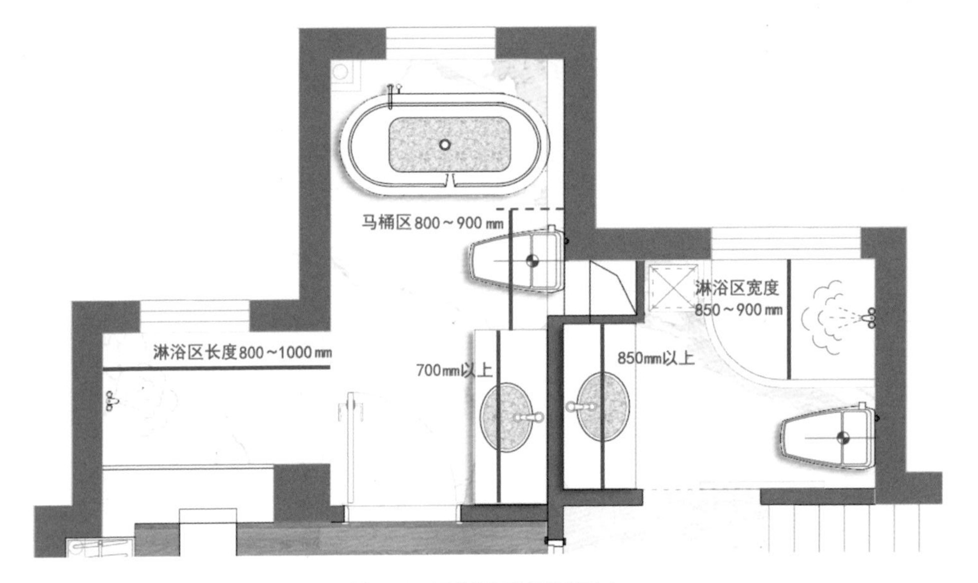

图 5-8　卫生间区域基础尺寸

（七）书架与衣柜

图 5-9 所示是书架与衣柜内部区域的基本尺寸。简单总结为以下几点：

① 书架深度：260 ～ 300 mm。

② 书架单层高度：260 ～ 380 mm。

③ 衣柜深度：600 ～ 650 mm。

④ 衣柜平开门宽度：400 ～ 600 mm。

⑤ 衣柜拉门宽度：600 ～ 800 mm。

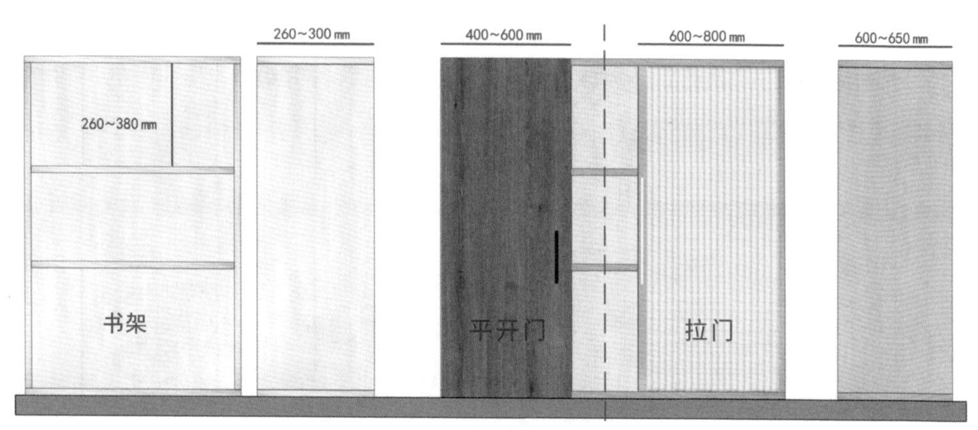

图 5-9　书架与衣柜内部区域基础尺寸

（八）鞋柜尺寸

在鞋柜设计中，深度一般需要预留 350 mm，宽度为 230 mm 的倍数，高度由所放鞋子种类决定，如拖鞋一般需要预留高度 100 mm，休闲鞋或运动鞋需要 150 mm，篮球鞋、棉鞋、高跟鞋需要 180 mm，短靴需要 250 mm，中靴需要 350 mm，长筒靴需要 450 mm（图 5-10）。

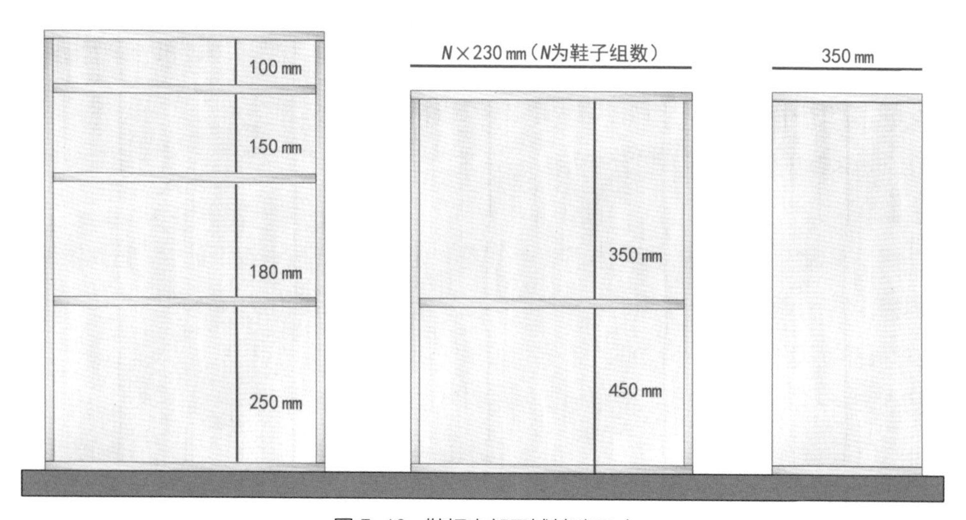

图 5-10　鞋柜内部区域基础尺寸

图5-10所示是鞋柜中定制鞋柜的尺寸，而图5-11则是组装鞋柜与展示鞋柜的尺寸。如图5-11所示，组装鞋柜尺寸为：单鞋（鞋盒预留）350 mm（深）×250 mm（宽）×150 mm（高）；展示鞋柜尺寸为：单鞋（鞋盒预留）350 mm（宽）×250 mm（深）×180 mm（高）。

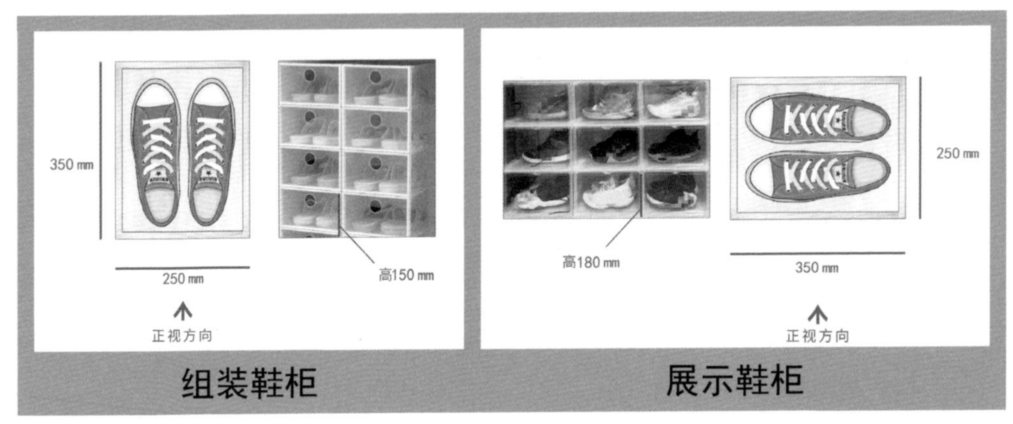

图 5-11　组装鞋柜与展示鞋柜尺寸

二、应用尺寸

（一）设计中的尺寸

1. 走廊与门洞

走廊是装修中极易被忽视的一个部分，有时它是空间的“连接键”，有时它是分割空间的“分割器”。

门洞是走廊的分支部分，两者作用有所重叠，但又有所不同。在设计中，首先要确定空间的目的，然后再确定所在位置的需求是门洞还是走廊，最后细化为具体尺寸。

空间目的从设计出发，分为两个方面：连接性与分割性。

如图 5-12 所示，我们可以简单地认为左侧为走廊，右侧为门洞。

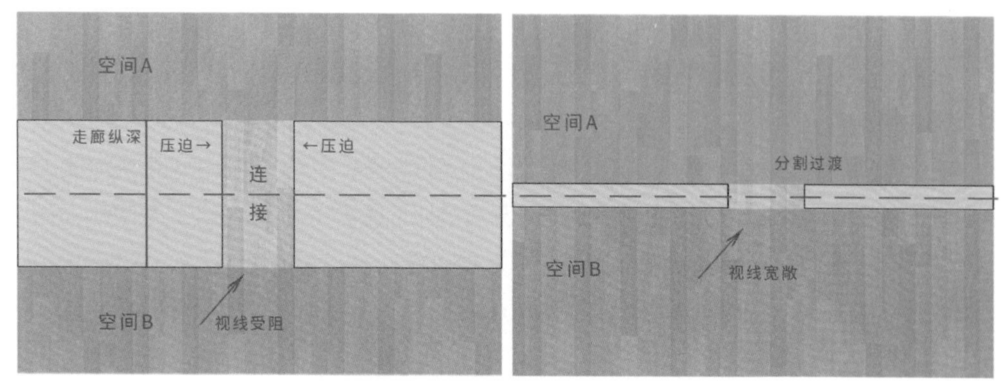

图 5-12　走廊与门洞空间作用

在家庭空间中，因为空间有限，所以走廊大多设计为单人通道，其宽度的参考尺寸为 900 ~ 1000 mm。900 mm 以下为极限尺寸，应用极限尺寸要慎之又慎。

在一般设计中，走廊长度保持在走廊宽度的 1.5 倍之内，否则会有明显的狭闭感。

门洞一般为垭口，也有设计师称作门洞，其本身具有客观上的连接性，但更多的是分割空间。所以其宽度尺寸一般为 800 ~ 900 mm，极限尺寸为 750 mm 左右，和走廊一样，门洞的宽度也要结合长度作为参考，如两个空间之间的关系，与单侧特殊造型同样为重要考量点（图 5-13）。

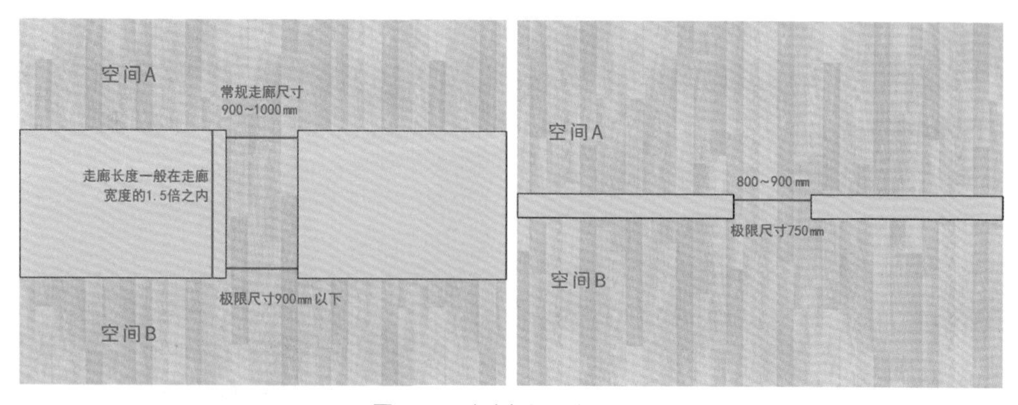

图 5-13　走廊与门洞应用尺寸

2. 房门尺寸

在房门设计中，可以参考黄金分割比，因为黄金分割比是无理数，所以最后结果取值约为 0.618。

在极简风格中可以直接遵循此黄金分割比，也可根据整体空间，在合理范围内加尺，尽量实现门的简约、高挑。但除去极简风格外，这样的比例在实践中存在一定的局限性。一般正常房门高度在 2100 ~ 2400 mm 之间，宽度在 800 ~ 950 mm 之间，双开门宽度一般在 1500 ~ 1800 mm 之间（图 5-14）。

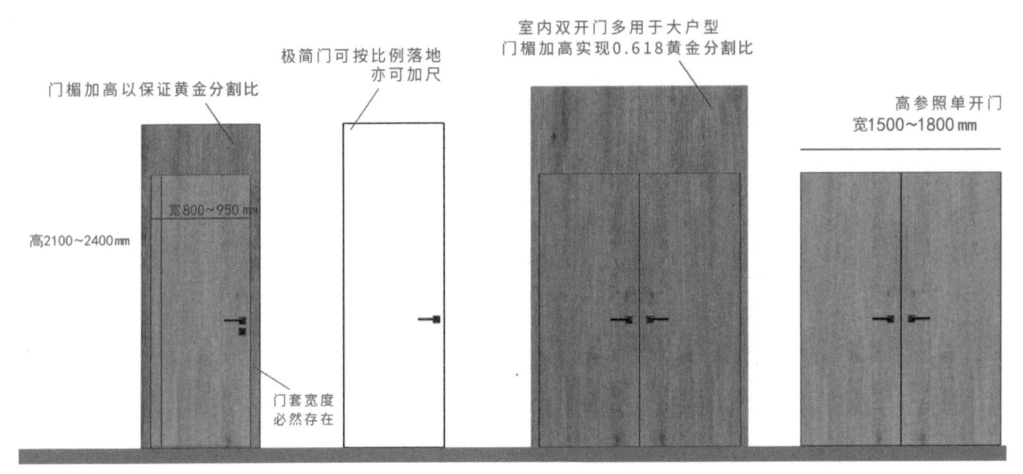

图 5-14　各类房门尺寸

实践中，在条件允许范围内向黄金分割比趋近，如果比例存在差距，可以采用加高门楣的设计方式，满足视觉效果。

在设计时，门套宽度也在比例计算范围内。空间尺寸并非独立存在，需要结合自身颜色、材质与外部其他元素调整。如图 5-15 所示，单看房门比例尺寸是没有问题的，但在右侧背景墙影响下，失去了极简门的高挑感，综合来看，这里就存在尺寸问题，也存在比例设计问题。如果门高与背景墙等高或背景墙通顶，情况就会不一样。

图 5-15　极简风房门实景

当选择极简风格或空间层高有限时，可以考虑通顶房门，如图 5-16 所示，这种同色设计的门框比极窄框更具视觉性，也更不容易审美疲劳。

图 5-16　极简风房门通顶实景

3. 踢脚线

踢脚线从使用效果上来讲是保护墙角，从视觉效果上来讲是凸显轮廓、拉伸空间。不同的装修风格会选择不同类型的踢脚线，而不同类型的踢脚线需要预留的尺寸也是不同的。

如图 5-17 所示，暗藏踢脚线的高度预留尺寸为 20 ~ 120 mm，平墙踢脚线的高度预留尺寸 10 ~ 60 mm，传统踢脚线一般高度为 60 ~ 120 mm。除此之外，其他风格一般不会超过 120 mm，80 mm 或 100 mm 是使用率较高的尺寸。

许多极简风格的踢脚线只预留 10 ~ 20 mm，这种极窄的尺寸更多是为了实现极简的视觉效果，且窄踢脚线多为平墙踢脚线与暗藏踢脚线，有的甚至用美缝代替踢脚线。

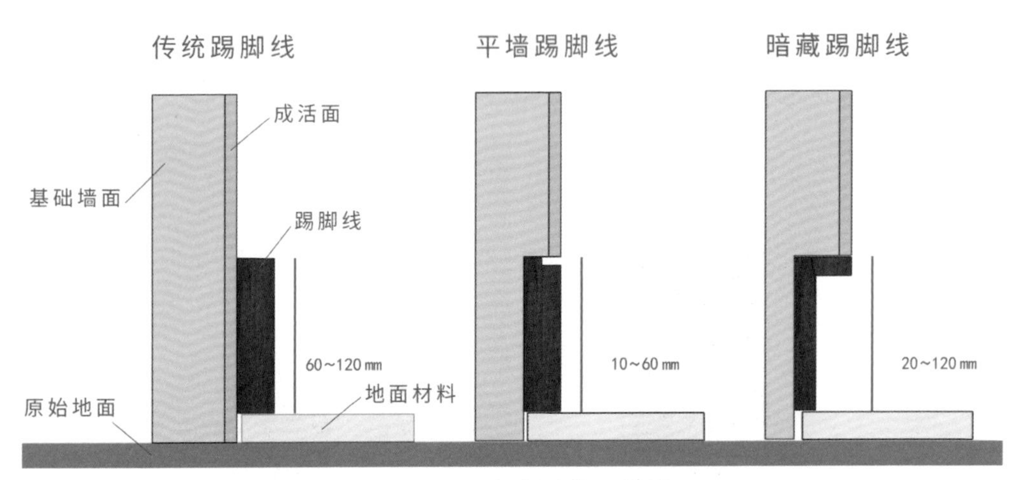

图 5-17　不同类型踢脚线尺寸预留

就当下而言，踢脚线的视觉性大于功能性，这是因为我们在尺寸与样式的选择上一般更注意其本身给整体空间带来的视觉效果，如木材、石材的踢脚线最好保持传统，这样可以突出材料本身的质感。而踢脚线在大多数情况下，还是建议大家暗藏或者隐光，不宜过亮（图 5-18）。

图 5-18　不同类型踢脚线

4. 书柜尺寸

书柜预留深度要根据书柜所在空间大小以及日常藏书尺寸而定，如图 5-19 所示，一般 260 mm 的深度可以容纳 16 开以下的书籍，但如果家中有 12 开以上的图书，则至少需要 280 mm 以上的深度。一般这个时候，我们可以考虑设计附属书柜，进行单独收纳。

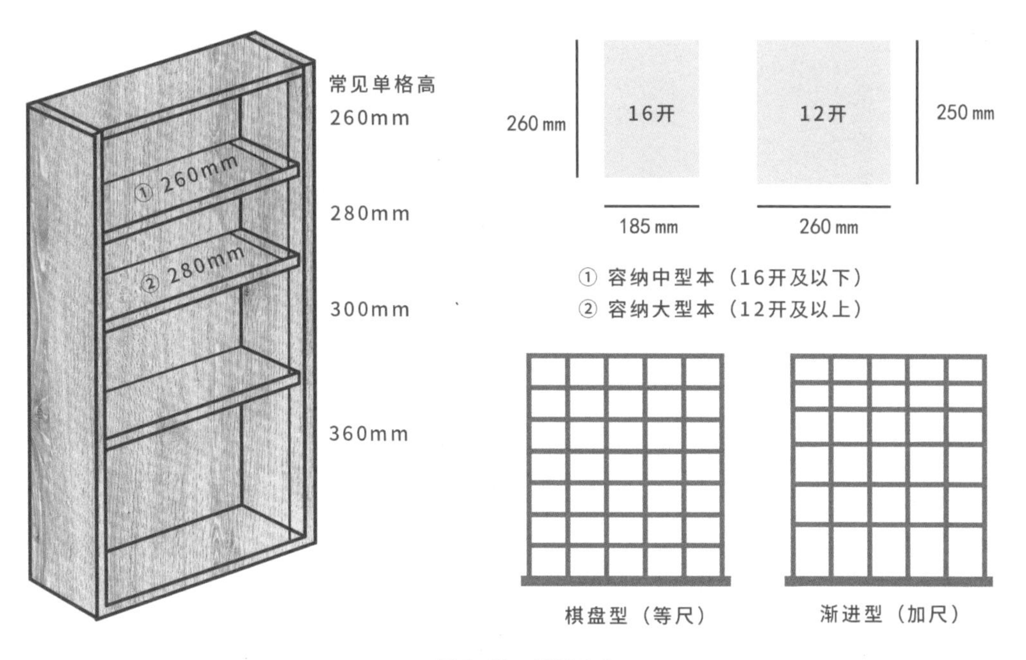

图 5-19　书柜尺寸

书柜单格常见高度一般为 260 mm、280 mm、300 mm、360 mm。如果需要特殊定制，那么就要根据物品尺寸数量决定。许多书架设计为上下等距的棋盘型，虽然规整，却略显死板，实用性也不佳。可以由低到高，单格尺寸依次递减，书籍由大到小，分门别类，实用性强。

这种围绕物品本身的设计，才是将空间赋予生命的关键要素。

5. 卧室尺寸

前面我们讲到过，衣帽间过道的尺寸一般在 1000 ~ 1400 mm 之间，而卧室中衣柜与床的距离一般在 800 ~ 1200 mm 之间。床边距墙一侧最低可以预留 500 mm，在单侧靠窗的情况下，虽存在稍许局促感，但在可接受范围之内。另一侧距离衣柜最低预留 800 mm，按照以上尺寸作为标准，我们可以得到一个紧凑型卧室所需要的总宽度，即 500（单侧过道尺寸）+1800（床宽）+800（单侧过道尺寸）+600（衣柜深度）=3700 mm（图 5-20）。

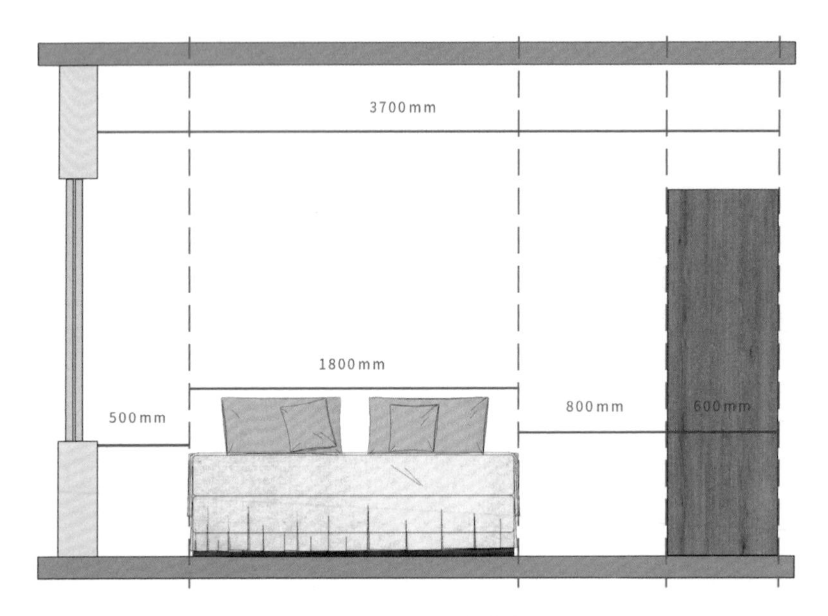

图 5-20　紧凑型卧室总宽度

床尾距离墙面的极致尺寸为 450 mm，正常一般会预留 600 mm 以上，如果床尾有抽屉，那么在尺寸上要加上 200 mm（抽屉深度）。如果卧室加设电视，那么就要在此基础上再增加尺寸。

小 结

在整体空间有限的项目中，主卧采取标准尺寸，次卧就要考虑减尺布局。另外，床体属于功能性物品，所有功能性物品都不建议缩减尺寸。

6. 衣帽间尺寸

衣帽间尺寸需根据其类型进行预留，如 U 形衣帽间在两侧无抽屉的情况下，过道预留 1000 mm 即可保证正常活动，如果预留 1200 mm 则会比较宽松；而双排衣帽间在两侧留有抽屉的情况下，过道空间的尺寸至少要在 1300 mm 以上，此尺寸在有中岛的开放型衣帽间同样适用（图 5-21）。

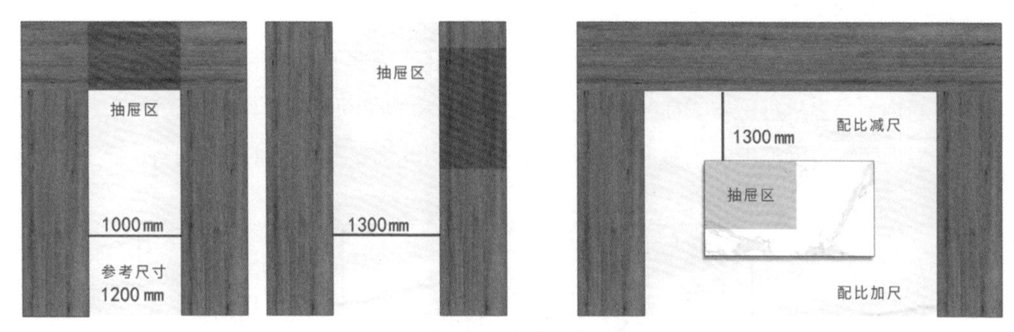

图 5-21　衣帽间尺寸

如果整体空间更深，空间配比则需要“减内加外”（柜体内部适当减尺，柜体外部适当加尺）。

U 形与双排衣帽间是我们争取空间的对象，开放衣帽间与化妆区相融合且具有一定程度的互动性，在实际设计中可以考虑分配足够的空间。

7. 挂画尺寸与位置

挂画高度一般在 1200 ～ 1700 mm 之间，以视平线为基准，向下取 300 mm，向上取 200 mm 是较为合适的高度范围。在实践中，我们应该保持画作的重点部分在我们视角稍稍仰视的位置（图 5-22）。

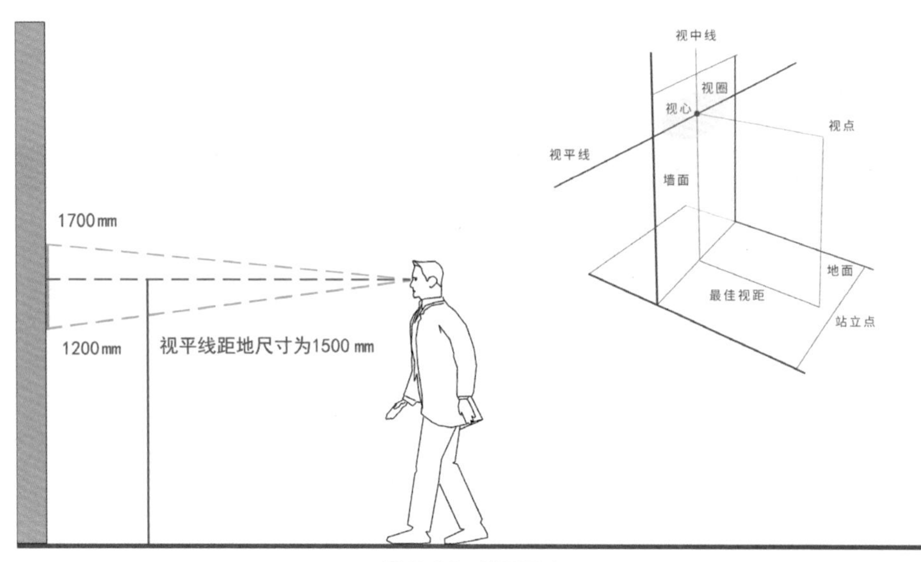

图 5-22　挂画尺寸

8. 厨柜台面高度

厨柜是厨房设计的重点与难点，得此“殊荣”的原因是其台面高度难以确定。备餐、烹饪、清洗等各个环节所需的高度难以达成一致。

我们都知道，烹饪区、操作区、清洗区和储存区是厨房设计中的四大分区，前三者都需要在厨柜台面上进行操作。在此基础上，操作区消耗的时间最多，其次是清洗区。因此，我们将操作区的台面高度设为基准高度A，另外两者以此为基准增加或缩减尺寸(图5-23)。

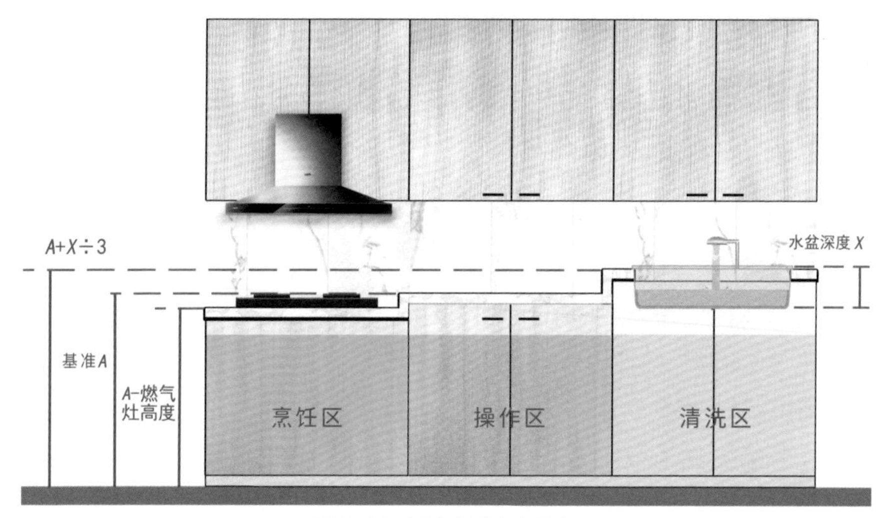

图5-23　厨房台面高度示意

那么如何确定厨柜高度呢？表5-1为笔者多年设计经验所得，供大家参考。

表5-1　厨柜各区域台面高度分析

主厨身高 /mm	操作区台面高度 /mm	烹饪区台面高度	清洗区台面高度
1550	790	操作区台面高度减去燃气灶高度（如果无法提前确定，数值可取60 mm）。	操作区台面高度加上水盆深度除以三（如果无法提前确定，数值可取80 mm）。
1600	800		
1650	810		
1700	820		
1750	830		
1800	840		
1850	850		
1900	860		

厨柜设计中应该保留三个尺寸，可囿于房屋的原始条件，很多时候无法满足。在实践中，可以通过调整厨房分区达成设计，如果仍旧无法满足，那么可以选择一项适当妥协或是通过垫脚板调整。

9. 厨柜附属柜尺寸及照明

近年来，附属柜的设计较为常见，一般作为厨房储物空间的拓展，位置多为操作区上方。一般尺寸为 300 ~ 350 mm 高，150 ~ 250 mm 深。柜门存在与否决定了柜子的状态，是开放还是封闭，实际区别体现在视觉效果上，封闭式附属柜在备餐、烹饪时也是常开状态（图 5-24）。

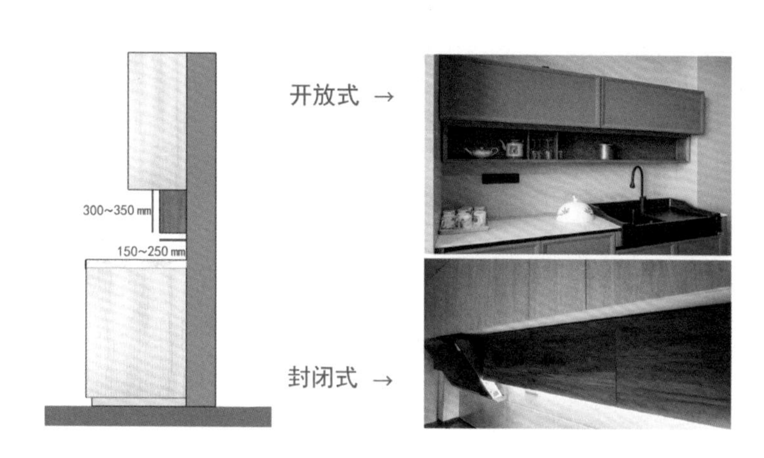

图 5-24　附属柜尺寸

柜子下面的手扫感应灯需要注意灯点高度与主厨视线高度平齐，且尽量选择亮度可调节的灯带，避免灯光刺眼，给用户带来不适。

（二）尺寸的取舍

1. 客观尺寸与主观尺寸

在梳理优先级之前，我们要明白何为客观尺寸，何为主观尺寸。所谓客观尺寸就是空间具体的尺寸，是真实的尺寸。而主观尺寸则是居住者处于相应位置时的主观感受。一般来讲，主观尺寸要比客观尺寸更重要。

房间中各位置的主观尺寸是不同的，参照客观尺寸我们能更准确地进行衡量与对比。

当我们在规划走廊尺寸时，可以认为走廊的主观尺寸是接近客观尺寸的。相同尺寸下，一侧墙壁高度降低，主观上会给人宽阔的感觉，这样便有了缩尺的空间；如果继续降低高度，会给人更宽敞的感觉（图 5-25）。

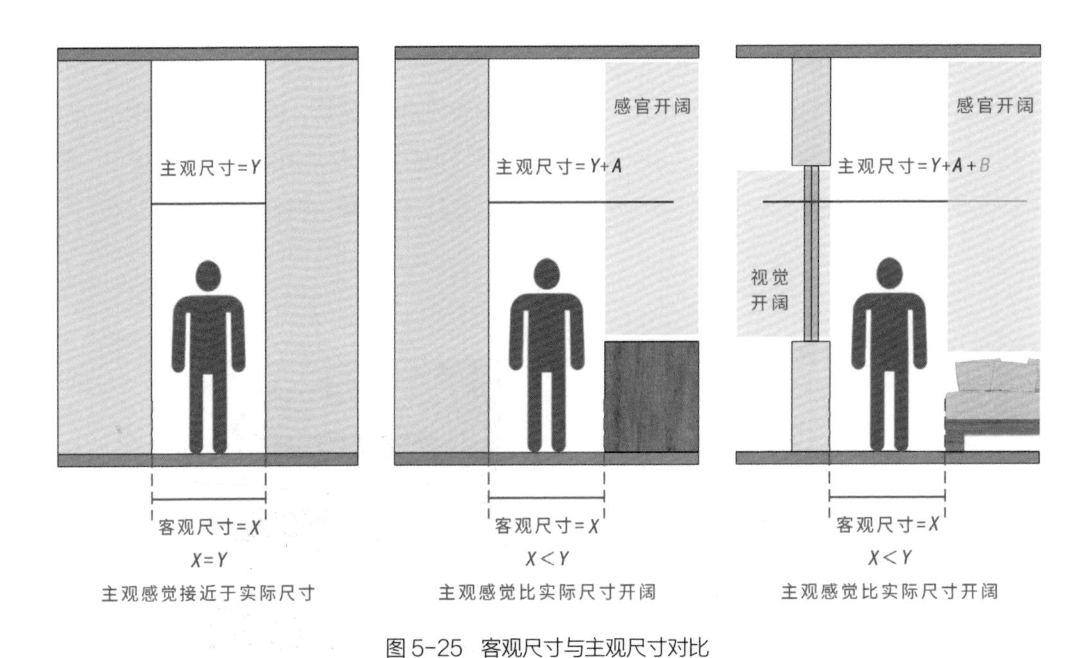

图 5-25　客观尺寸与主观尺寸对比

实际设计中在保持良好通过性的前提下，主观尺寸较宽松的位置，更容易进行非标准的缩尺设计。

2. 关于优先级

在空间设计中，尺寸的冲突是客观存在的，而设计的目的就是为了减少冲突，为此我们需要明确设计的优先级，也就是尺寸的优先级。比如，当一个位置的主观尺寸更大时，我们可以对该位置的尺寸进行适当压缩。由此可知，该位置的优先级较低。

主观尺寸与客观尺寸在实际考量中占比有限，我们更多需要考虑的是设计美观性、空间宽敞性、人员使用率等设计变量。

如图 5-26 所示，功能空间的尺寸作为最低生活要求，可以理解为基础保障，是不适宜进行压缩的尺寸。

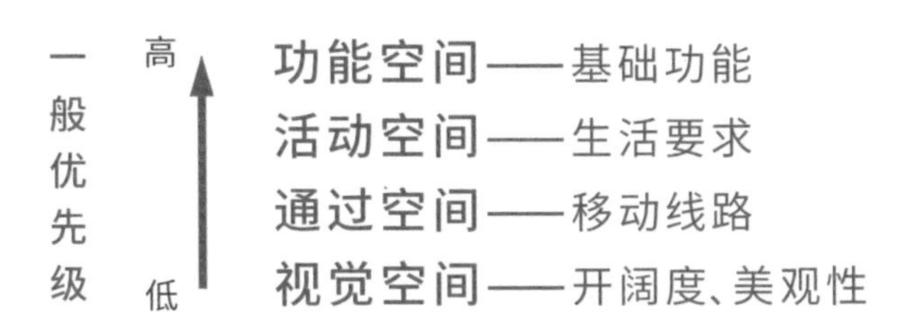

图 5-26　空间设计优先考虑等级

活动空间可以理解为更高的生活要求，还能细化为对文化、娱乐、休闲区域的空间需求。设计初衷是满足一定的生活品质，有时也是空间元素的附属，如装饰品。除单纯空间外，还需要保留一定的鉴赏空间，这同为活动空间。

通过空间根据平面排布分为高频、中频与低频。连接空间两点的途径越少，则每条路径的使用频率越高。我们可以尝试量化，假设单一空间中 A 点到 B 点的途径数为 X。当 X=3 时，我们设定这三条路径为中频；那么 $X < 3$ 时，每条路径为高频；$X > 3$ 时，则认定为低频。在实践中，需要基于平面推导，频率是空间面积与行动习惯等多种因素共同影响的结果。频率不同优先级也不同，有时高频区域的优先级仅次于功能空间。

最后是视觉空间，出发点无非是满足空间开阔度，以提升视觉美观性。它的优先级相对不高，视觉开阔与否不会长时间对生活造成影响，只要不影响功能与活动，居住者会习惯性忽略。

当然，以上观点仅供参考。位置不同，设计侧重点也不同，一般公共区域倾向美观与宽敞，走廊过道优先考虑通过性，烹饪、清洁区域应确保功能的合理性。

尺寸是设计中极为量化的领域，容易接受却难以掌握。记住尺寸不如领会精神，领会精神不如懂得生活。

第三节 平面布置基础

一、家居动线

（一）动线类型

动线是指空间内人们活动的路线，可以分为日常类动线和设计类动线，前者从日常功能出发，分为居住动线、家务动线以及访客动线。后者则以整个空间排布逻辑作为依托，主要分为洄游动线和树状动线。

1. 居住动线

居住动线是模拟居住者日常家居活动的路线，一般不包括公共活动，在公共活动时，需要参考空间整体进行动线规划。

在实际应用中，越是极致的区域越要优先规划动线。如图 5-26 所示，屋主为独居女性，户型为三室改两室，这里的动线相对简单，基本围绕着起床、洗漱、换衣三个基本点。

图 5-26 居住动线

小结

居住动线是非单一的。在大户型中，居住动线一般相对独立，而且多个卧室不会同时在一条居住动线中。如果看到有居住动线将所有卧室归到一起，是不严谨的。

在设计之初，动线的作用是为了更好地确定空间规划的合理性，可以认为它是一种验证工具，是为空间所服务的。用空间去迎合动线，往往不会得到优秀的方案。整体规划要大于局部设计，我们应该培养这种大局观。

2. 家务动线

家务动线可以细化为烹饪动线与清洁动线，两者互不干扰，分析详见表 5-2。

表 5-2　家务动线分析

名称	分类	功能点位
家务动线	烹饪动线	操作区、清洗区、烹饪区、存储区
	清洁动线	清洗区、收纳区、晾晒区

烹饪动线限定于餐饮区的小范围内，线路规划相对简单，将各功能点位紧密连接且互不干扰就可以满足日常烹饪需求。

清洁动线也是如此，清洗、晾晒、收纳是三个基本点，但近年来随着扫地机器人、洗地机、洗烘一体机的普及，人工智能让所有清洁环节都集中到一到两个点位，比如从阳台（互动式洗衣区）到衣帽间（收纳区），两个点就可以完成整个清洁流程，许多项目都已经开始简化了（图 5-27）。

图 5-27　清洁动线简化示意

家务这种变化的普及不过五六年的时间，类似的变化时刻在发生，影响变化的因素却不尽相同。可无论哪种因素，我们都可以从内、外两方面去考虑，内因是居住群体的变化，外因是人工智能的普及。后文会着重来说，这是每个年轻设计师都需要了解的。这种对大势的了解判断甚至比施工工艺、材料材质更为重要。

3. 访客动线

访客动线是客人来访时，在空间行动的路线。与前两个动线不同的是，访客动线需要参考屋主的主观意志，客人来访时主人有权加以引导。

访客动线依托于会客区，这里的会客区不局限于客厅或者餐厅，而升华为展示区。在实践中，需要确定会客区的数量及位置，如图 5-28 所示，至少存在三个会客区且整体偏重于左半区，这种规划的优势是集中相同功能分区，方便互动且保证私密性。

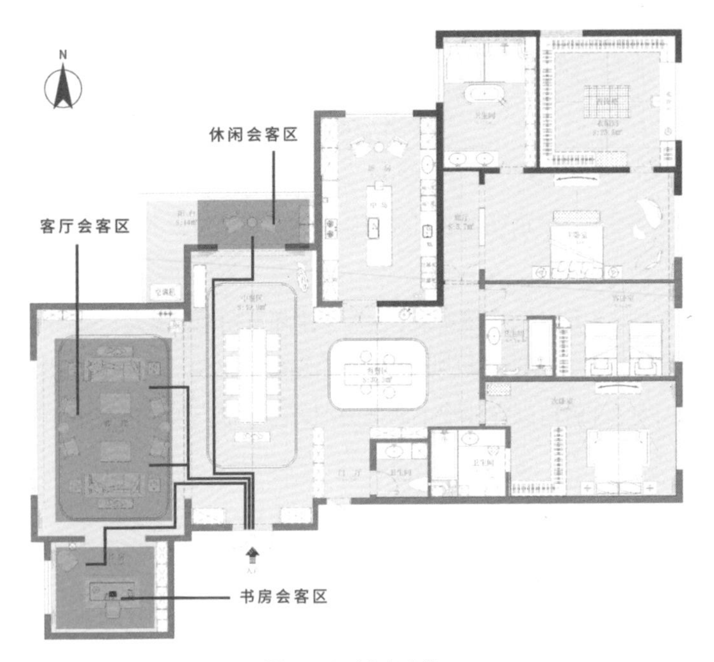

图 5-28 访客动线

小结

以上三者，居住动线在空间中的优先级最高，家务动线次之，访客动线变化较多，具有一定的宽容度。

4. 洄游动线

洄游动线可以简单地理解为线路围绕某个区域一周的环形动线。这种环形动线的优势主要体现在两个方面，一是提升空间利用率与部分情境下的行动效率，二是增强空间互动性。

如图 5-29 所示，洄游动线一般由环绕中心与行动路线两部分构成，环绕中心可以是开放式环绕中心，如客厅休息区；也可以是封闭式环绕中心，如独立空间隔断。前者占据洄游动线的大部分情况，正因为开放式环绕中心的存在，决定了洄游动线的强互动性。

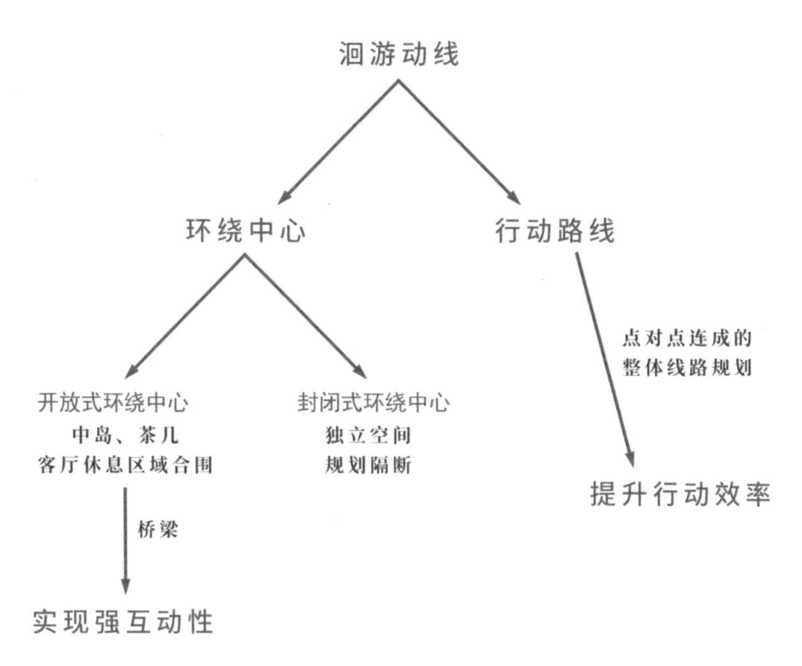

图 5-29　洄游动线构成分析

如图 5-30 所示，中岛区是开放式洄游动线中较为典型的一种。在工装厨房、集中厨房、交互餐厨中经常出现，中岛作为洄游中心，起连接的作用，让多人协同的厨房工作在空间的约束下有序进行。

洄游动线中动线的规划由行动目的决定，动线将各个独立的功能点连接为一个整体。

合格的洄游动线设计应同时满足均衡性与目的性。在线路中不应该存在“人迹罕至”的线路，也不应该存在无行动目的的“死胡同”。

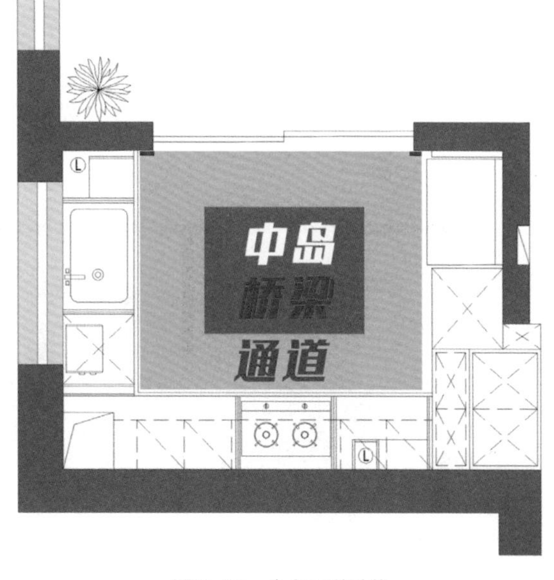

图 5-30　中岛洄游动线

当无相应功能点位时，一般通过设置其他元素，如观赏性陈设、功能性电器来缩短洄游路径（图 5-31）。

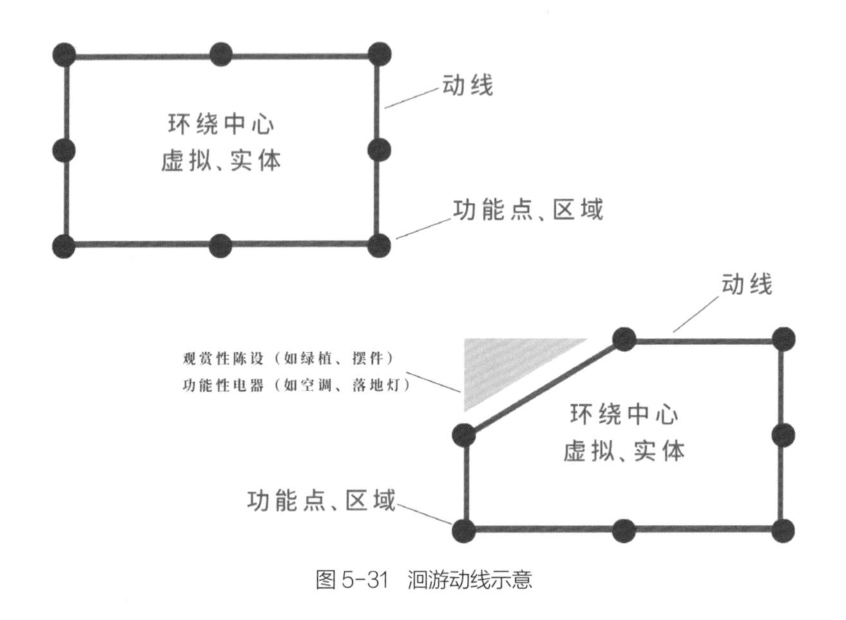

图 5-31　洄游动线示意

图 5-32 所示是洄游动线在双厨空间的实际应用案例，其中绿色部分是储物区，粉色部分为清洁区，红色为操作区，橙色为烹饪区，紫色为电器区。在开放式厨房区域中，中岛左侧与餐厅相邻。这样一来，实现了较高的互动性，而区域内的洄游动线也在一定程度上使得日常生活更加方便。

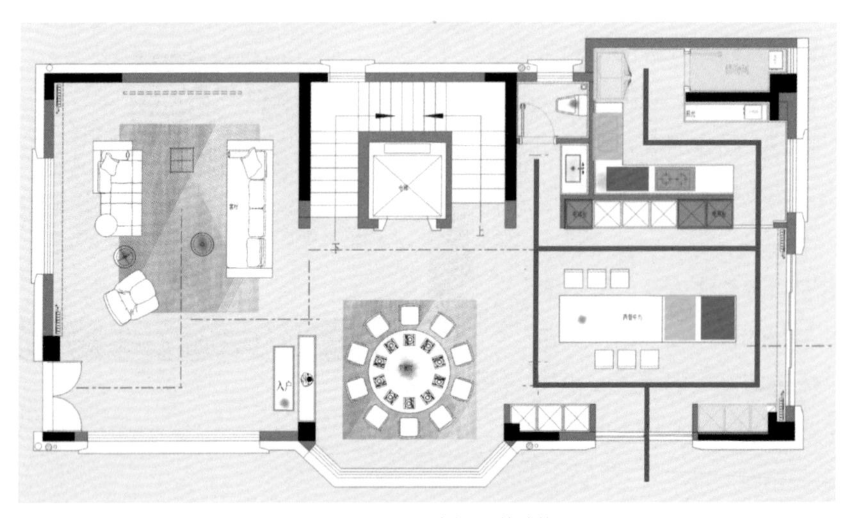

图 5-32　双厨空间洄游动线

对图 5-32 中的烹饪动线进行细化就可以得到图 5-33，如图所示，中厨区域由“X”“Y”“Z”三点构成一个三角形环路，也就是储物、清洗、操作、烹饪，流程相对顺畅。而在开放区域，从“C”到“B”再到“A”实现了储物、清洗、烹饪以及最终整理（上桌前的二次操作）的操作流程。

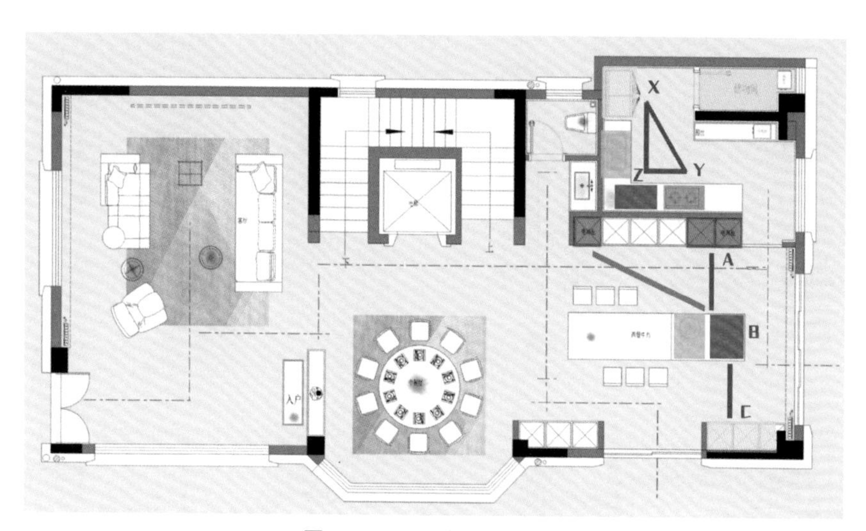

图 5-33　双厨空间动线细化

这里需要注意是，图中的深灰线路是低频线路，因为小家电存在可移动性，所以使用时大多并入操作区。这也提醒我们，在实际应用时务必参考现场使用情境，脱离实际的设计是不可取的。

5. 树状动线

树状动线是由主路径和各分支路径构成的，具体体现在整个布局中由主路径到各空间点位的细化。将树状动线拆分会得到一条条直达点位的线路。在树状动线规划中，这些单线路是否为最短路线其实无关紧要，重点是主路径的规划。

在树状动线中，主线路的重要程度一如洄游动线中的环绕中心。正因为如此，在实践中，会存在途经频率远高于其他位置的点以及作为交通枢纽的点，我们可以将这两种点称为树状动线中的高频点。高频点一般在 2 ~ 5 m^2 的区域内，灵活运用可以得到意想不到的效果（图 5-34）。

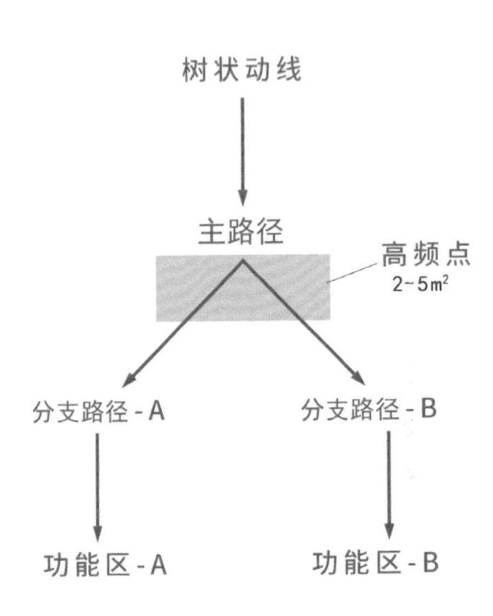

图 5-34　树状动线模拟示意

图5-35所示是常见的树状动线，深棕色是主路径，红色是各个分支路径。我们可以发现所有分支路径都是由深棕色的主路径延伸而来的，而点A则是整个主路径中的高频点以及交通枢纽点，看似整条动线起点在入户玄区域，实则是在点A的位置上，点A是大部分空间的必经之路，是组成整个动线的关键点。

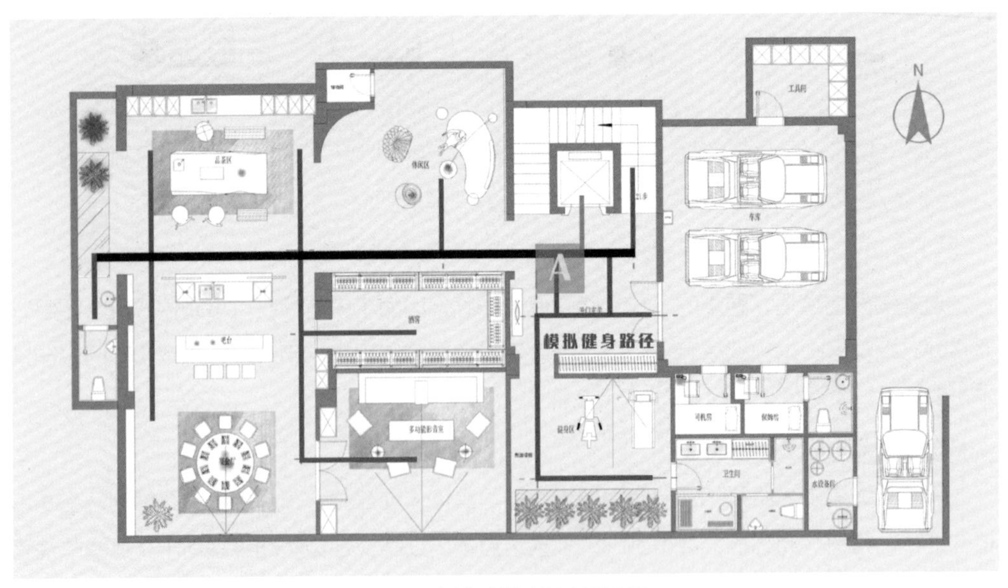

图 5-35　树状动线实际应用示例一

我们一般默认高频点和交通枢纽点同为一点或者距离不会太远，但在实际应用中却并非如此。图 5-36 所示是较为常见的树状动线图，点 A 为高频点，可以说是所有路径的必经之地。点 B 距离点 A 较远且位置在整个户型中较为边缘，一般来讲应该相对低频，但在此案例中点 B 临近户型中唯一一个卫生间，因此使用频率大大提升，成了第二个高频点以及交通枢纽点。但由于点 B 所在区域为走廊区域，整体空间较为狭长，因此在实际使用中行动冲突的概率较大。一般情况下，设计师要尽量避免此类情况发生。

图 5-36　树状动线实际应用示例二

二、空间需求与设计发散

（一）空间需求

1943 年，亚伯拉罕 · 马斯洛提出人类需求的层次理论，从下往上依次为：生理需要、安全需要、社交需要、尊重需要以及自我实现。我们将这个理论运用到空间中，可以将空间需求划分为三级，具体分析见表 5-3。

表 5-3　空间需求分析

需求等级	需求标准	空间举例
一级需求	基本设计需求，满足日常居住使用	卧室、厨房、卫生间、储物空间等
二级需求	设计优化，满足一定的功能性	干湿分离的卫生间、中西双厨等
三级需求	品质类设计需求	酒吧台、阅读角等

在空间需求上，以一级需求为基础依次满足，在出现需求冲突的情况时，应根据需求等级进行取舍。设计应该从需求与使用出发，美观与艺术是之后考虑的事。

（二）设计发散

洄游动线的基础逻辑是提升空间利用率，增强互动性。环形路线是洄游动线的表现方式，其内核是传递性与高效交互。

树状动线是一种主次性规划，更直接。相对来说更注重目的性，适合大空间。空间越大对动线的要求越高。动线就是线路，串起线路的点是行动目的，空间需求支撑着我们的行动目的。而在许多紧凑型的空间中，动线就需要进行简化从而避免行动冲突。

在实际设计中，我们不应该被定式局限，比如洄游动线的“洄游”，不仅用于行动路线，厨房传菜窗、客厅互动窗同样具备了洄游动线的基本性质。如图 5-37 所示，利用传菜窗，形成环形线路，传菜窗具备开放性，实现物品与信息的传递，增加互动性，实现高效性。

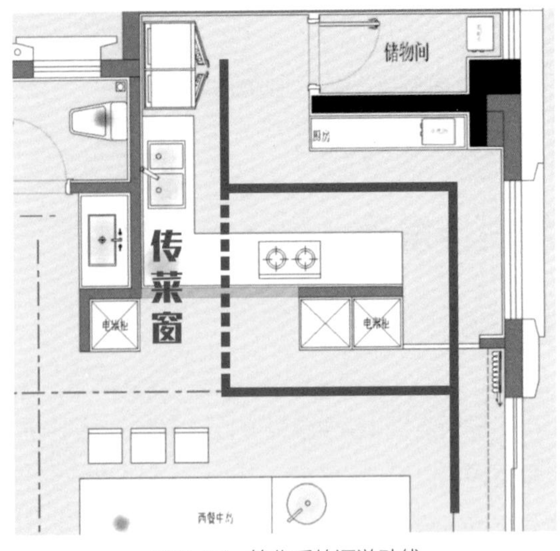

图 5-37　简化后的洄游动线

三、功能分区

功能分区以空间的功能进行划分，在实际应用中起到归类的作用，并为后续空间细化打下基础（图 5-38）。

图 5-38　功能分区归类

其中，部分案例存在功能之间冲突的问题，这种情况下可以优先根据空间需求等级进行排序，先考虑需求等级，再考虑功能分区，最后再细化空间。

（一）动静分区

在空间足够的前提下一般会采取“下动上静”的处理方式，将下层作为日常的活动区，如客厅、餐厅、影音室、厨房等，上层作为休息区。动静分区应尽量考虑业主诉求。

在实际设计中，静区规划需考虑空间私密性，提升隔声性能。这里的私密性不仅仅是指访客，更多是指个人空间，尤其是在多孩家庭以及祖孙同居的案例中。为了解决这一问题且不影响动区规划，我们在动区与静区之间引入缓冲区的概念。如图 5-39 所示，因为动区与静区都需要一定的隔声处理，所以将两个隔声区域进行合并，从而得到缓冲区。

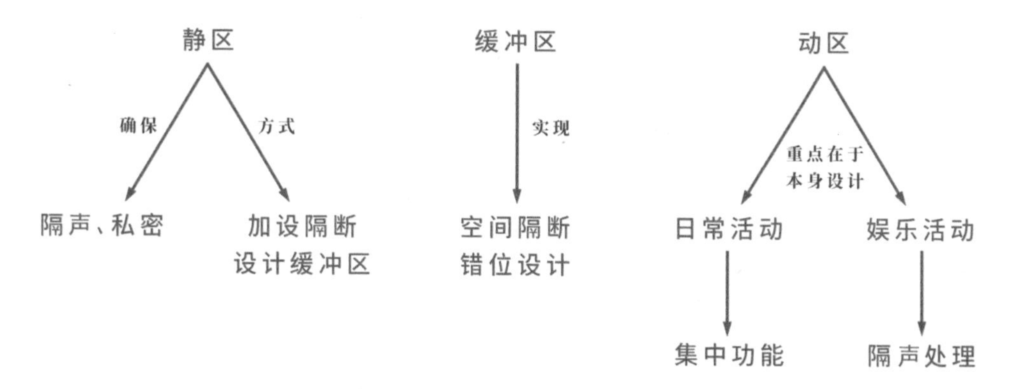

图 5-39　缓冲区概念示意

缓冲区一般采用两种设计手法：一种是加空间，在动静区之间设计衣帽间、电脑间、公共卫生间等一些对双方影响较小的独立空间；另一种是“直接变间接”，通过增加隔断、转角等方式实现缓冲（表 5-4）。

表 5-4　动静分区分析

基础分区	划分依据	举例
动区	活动区域、娱乐区域	餐厅、客厅
静区	休息空间、私密空间、工作（学习）空间	卧室、书房
缓冲区	无严格要求，其作用主要为阻隔噪声、缓冲视觉以及利用设计手法区分空间	走廊、衣帽间等

如图 5-40 所示，动静区连接的方式大致有三种：直接连接、通道连接以及缓冲区连接。选择引入缓冲区还是直接连接，由空间基础决定。我们不能强行把一个紧凑型空间加设缓冲区，这样做出来的效果也不好。

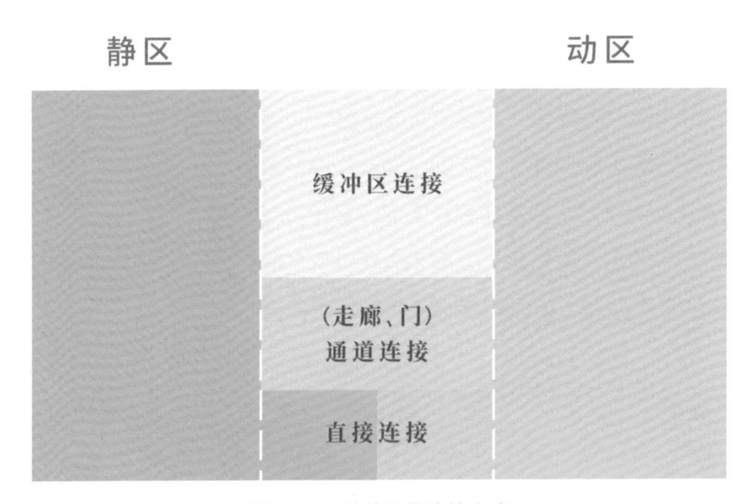

图 5-40　动静区的连接方式

走廊的连接属性更强，宽度越窄越能加强静区的私密感，这也是缩尺设计的目的之一。换句话说，并不是所有的缩尺都是为了节省空间。

图 5-41 所示是一个缓冲区连接的实际应用案例，主卧原始门洞在点 B 处，后将其改至点 A 处，衣帽间作为主卧与外界的缓冲区，在保证私密性的同时，还满足了主卧空间的收纳功能。

图 5-41 缓冲区连接实际应用示例一

图 5-41 中的缓冲区因其案例为多层建筑，所以比较特殊，如果是紧凑型单层户型，那么改动后的开门位置就不是那么合适了，需要重新规划。

在大多数单层项目中，设计相对灵活，可以通过二次规划，将动静区完全隔离。如图 5-42 所示，我们将卧室全部归于一侧，客餐厅在房屋的另一侧，中间实现缓冲效果。在设计时，要注意纵向的走廊在静区的位置，尽量减少空间配比。走廊虽然能够营造私密感，但是空间利用率相对不高。在实践中应考虑将空间妥善分配，以提升居住幸福度。

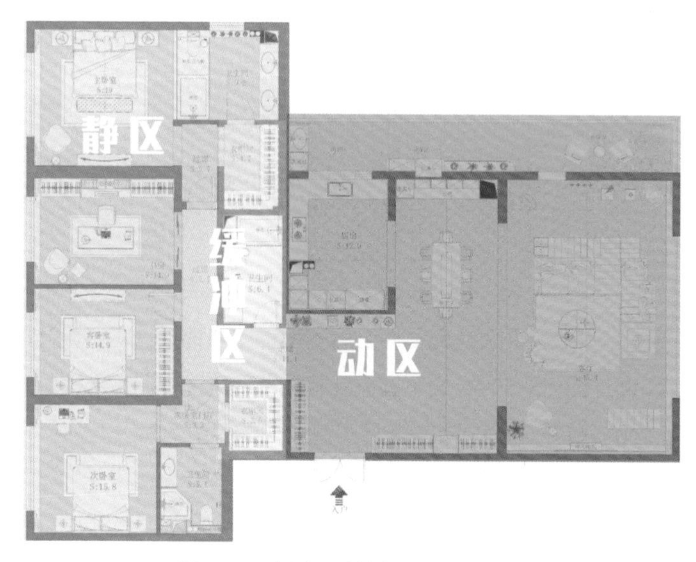

图 5-42 缓冲区连接实际应用示例二

四、平面布置流程与限制因素

（一）平面布置流程

平面布置一般以业主诉求为基础，详细流程见图 5-43。

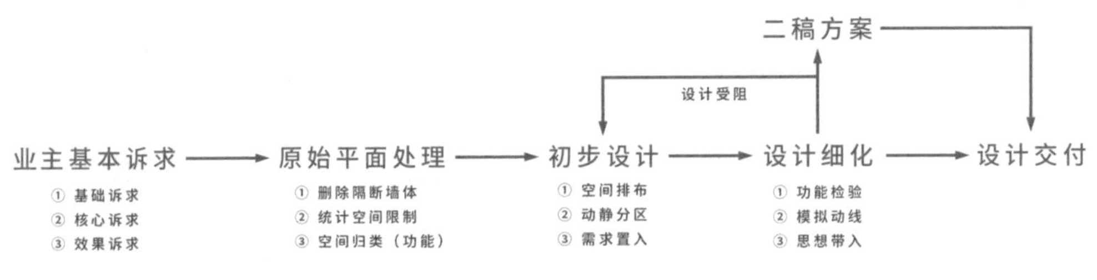

图 5-43　平面布置流程

业主基本诉求是平面布置的核心，是整个设计的初衷，设计师会在与业主沟通的过程中了解业主的基本诉求，并将其进行归类，以便后期细化、呈现（表 5-5）。

表 5-5　业主基本诉求分析

业主基本诉求	细化	说明
基础诉求	居住	一级空间需求
	储物	方便日常储物、收纳
核心诉求	空间	二级、三级空间需求
	生活	爱好、陈设、生活习惯
效果诉求	风格	外观风格设计

在平面布置流程中，原始平面处理是为之后的设计“清场”。初步设计与设计细化是一个反复推导的过程。设计细化环节中，如果推进受阻或发现动线设计不合理，就退回上个环节。一般设计都会保留两稿方案，若局部存在设计矛盾，则需保留两稿以上。

（二）限制因素

在实际应用的过程中，除去需要考虑业主的基本诉求外，还需要考虑其他限制因素，如原始空间和风格效果（图 5-44）。

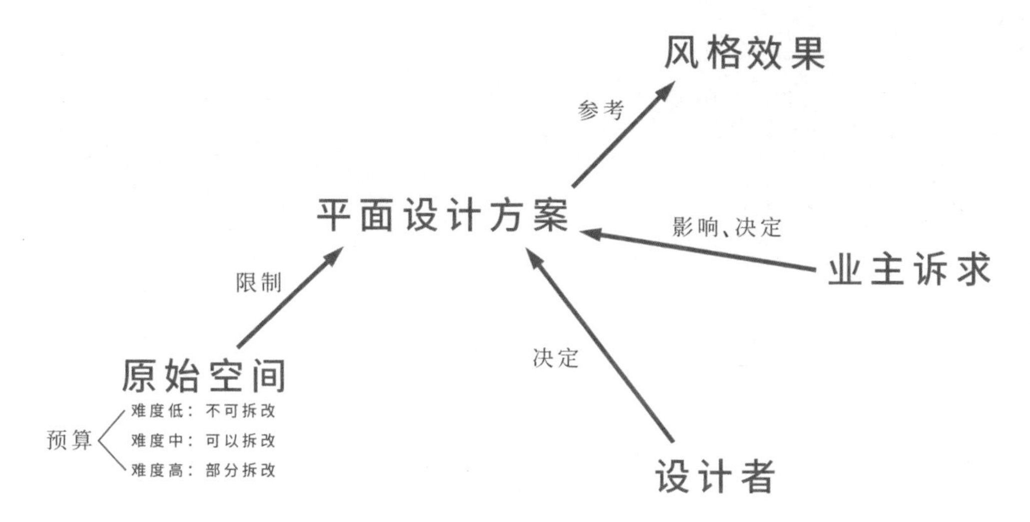

图 5-44　平面布置限制因素

原始空间的限制一般体现在尺寸上，大多数的户型都会有不完美的地方，而设计就是要在合理的前提下尽力追求最大的空间回报。

风格效果的限制一般与业主的生活习惯相契合，这需要我们在设计时多多思考，确保设计要贴近生活。

第六章

室内设计的搭配原则

本章是实现落地效果的重点。首先从色彩出发，完成基础视觉设计；然后通过软装设计让空间丰富；最后通过灯光设计点缀让空间鲜活立体，实现效果的完美落地。

第一节　色彩搭配——视觉的统一与平衡

一、空间配色基础

平面方案交付后，就来到了效果呈现的环节。除去手绘效果图不谈，基本工作流程如图 6-1 所示。

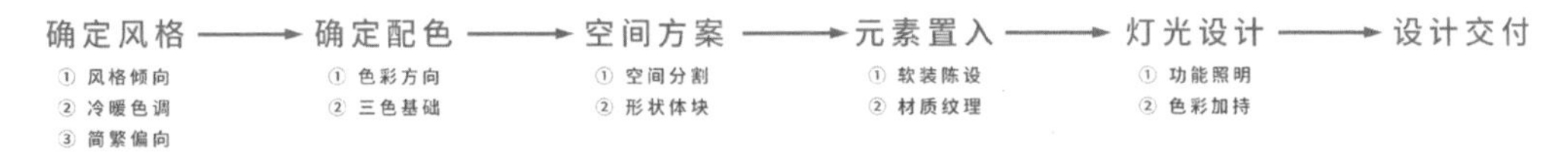

图 6-1　效果呈现部分的工作流程

整个环节中，影响配色的因素有空间方案、灯光设计与风格。其中空间方案是配色的载体，运用不同体块对色彩进行准确表达。而灯光设计则是起服务作用，照明可以将色彩强调或者弱化。风格是影响配色的决定性因素，当风格确定时，空间的冷暖色调与大致走向其实就有了答案。

以上是空间配色的前提，充分了解之后，我们将配色进行拆解分析，可以将空间内所有的颜色分为三类。比例由高到低分别是基础色、搭配色与点缀色（图 6-2）。

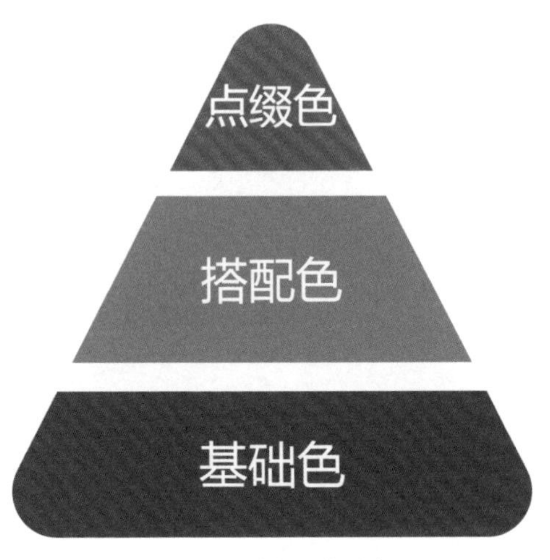

图 6-2　空间配色分类

我们可以将这三类颜色视作空间配色中的金字塔，基础色是配色中的基石，常见的基础色有冷色、中色、暖色（图 6-3）。

图 6-3 基础色分类示意

基础色承载着搭配色与点缀色。搭配色是空间配色的中坚部分，实现层次与空间内涵；而点缀色则是决定整个金字塔高度的存在。可以与前面两种颜色进行搭配，平淡过渡，也可以将其作为色彩搭配中的点睛之笔（表 6-1）。

表 6-1 空间配色分析

分类	说明	作用
基础色	在整体空间中占比 60% 以上，是空间的主体配色	定义空间色彩基调，营造空间氛围基础
搭配色	在整体空间中占比 30% 以上，一般为一种或多种大面积配色	丰富空间配色，配合基础色完成构建色彩层次
点缀色	在整体空间中占比 10% 以上，一般为一种或多种局部配色	平衡视觉，提升设计感

确定空间色调一般在选定基础色之前，但有时也可以在选定基础色之后，毕竟基础色中也有中色。基础色的选定标志着基础色系的确定，基础色系关系着搭配色与点缀色的选择（图 6-4）。

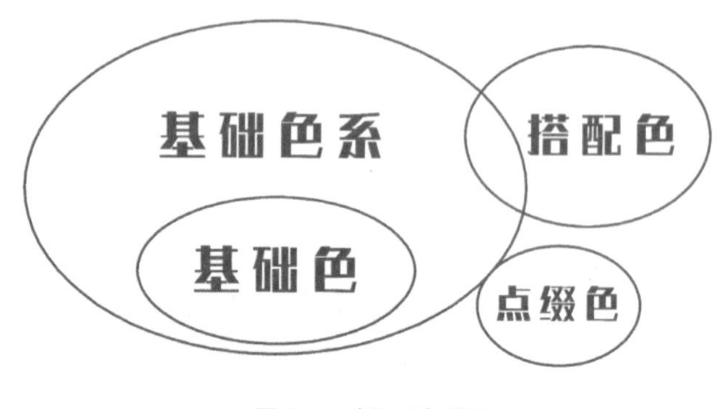

图 6-4 空间配色关系

搭配色可以在基础色系内，通过深浅、明暗、饱和度的变化来实现色彩层次，这种配色方式在奶油风、原木风中较为常见。图 6-5 所示是轻原木风的色彩搭配。较浅的基础色赋予空间清新、简洁的感觉，点缀色选择绿棕色与深棕色，整个配色看上去简单直接。

图 6-5　轻原木风空间配色

搭配色也可以在与基础色相协调的前提下跳出基础色系，而点缀色一般与另外两者相差较大，以实现配色效果的升华。基础色与搭配色的比例关系受诸多变量影响，需要灵活运用。在表 6-2 中可以发现，基础色虽然占比较高，但也只决定空间基调；而搭配色却决定了颜色的走向。比如，在原木风中，只有搭配色选择木色，才能实现原木风设计；在高级感营造中，搭配色的深浅配比，是设计成功的关键。

表 6-2　空间风格配色分析

空间风格	基础色	搭配色	点缀色	说明
奶油风	暖白色、浅黄色	基础色系	白色	色彩过渡尽量自然，用软装实现反差
原木风	中色白色、暖色白色、中色灰色（浅）	木色	绿色	色彩简单直接，避免复杂
侘寂风	中色白色、中色灰色（浅）	中色灰色	木色、咖色	不建议搭配太过明显的暖色
高级感	中色白色、中色灰色	中色灰色、木色	黑色	搭配色是重点

模块化的东西，往往让初学者感到十分受用，但初窥门径以后只会限制自身的提高，想要持续发展必须主动斩断模块化的东西。

越简单的风格越难以做出有特点的设计，可以理解为门槛低，上限高。这时我们应该从平面设计、空间体块与软装设计方面去实现设计差异化。

二、浅色和深色的运用

在实际应用中，我们经常会遇到这样的问题，想用浅色去营造一个简约、轻快的空间，可结果却十分单调且空洞。或者我们计划用稍深一些的颜色打造深邃且凸显高级感的空间，可结果却昏暗又沉闷。

造成以上情况是因为我们没有考虑到颜色在空间视觉中的核心逻辑，即视觉性、空间影响、特性与处理方式，详细内容见表 6-3。

表 6-3　颜色在空间视觉中的核心逻辑分析

颜色	视觉性	空间影响	特性	处理方式
浅色	轻视觉	易隐藏	浅色容易忽视，越浅的颜色越需要层次感	突出空间颜色层次，减少点缀色数量，增强点缀色比重，提升自身材料质感，增强与软装配合度
深色	重视觉	更醒目	深色吸引视觉，容易影响周围环境	增强深色材料的光泽度，如选用材质以及照明设计方面要多些考虑。除此之外，深色与深色之间应尽量不要互相搭配

如图 6-6 所示，白色是整个空间的基础色，木色的地板是搭配色，家具颜色并不单调，为什么还会给人一种廉价感？原因有以下三点：

① 搭配色过重，未能与基础色形成层次。

② 色彩繁杂且散碎，没有形成体系。

③ 木色作为搭配色，油腻感太重，让整个颜色浮于表面。

从效果呈现上来讲，虽然材质同样影响感官，但是颜色的影响更为直接。不仅如此，效果呈现一般也与预算的关联性不强，如图 6-7 所示，造型、灯光无一不下了功夫，但依旧给人一种混乱的感觉。这是因为没有把握好空间的层次感，进而导致空间色调混乱，暖白色与冷灰色同时存在且相互交叠，即使再好的造型与灯光也无法挽救。

图 6-6　空间配色实例一

图 6-7　空间配色实例二

如图 6-8 所示，基础色为暖白色，浅木色地板与黑色玻璃衣柜作为搭配色，点缀色采用些许大地色系和暗红色背景墙撞色搭配。

图 6-8　空间配色方案对比

如果单纯采用深色玻璃，空间内所有深色元素都集中在一侧，会导致色彩失衡。这种情况下，可以采用柜内隐光的方式，让深色浮动起来，减轻沉闷感。

深色在视觉上要给人一种深而不重的感觉，这种颜色与感官的把控是所有配色的重点。

如果用黑白灰定义颜色深浅的话，那在一般情况下，基础色在调色中建议黑色添加不要超过 30%（也叫 30 度灰）。搭配色的调色建议黑色添加不要超过 70%（也叫 70 度灰）。

三、空间配色基本法

（一）循序渐进——保守配色法

保守配色是一种简单却高效的配色法，基础色与搭配色选择同色系，将空间颜色控制在较小的区间内，然后配合些许点缀色实现效果。

如图 6-9 所示，用浅灰色、中灰色做出层次，砖红色挂饰点缀空间，整体配色简单直接、十分规整，但短板也比较明显，硬装设计简单、存在感低、缺乏特点，实践中一般通过软装和材质进行弥补，后期一旦选购有变，落地与预期就会产生明显差异。

图 6-9　保守配色方案示例一

保守配色法还可以采用基础色与搭配色、点缀色同色系的配色方式。整个空间配色高度一致，这种方法设计简单快捷，但是对后期材质与软装的依赖性更强。讨巧的设计，对设计者自身能力的提高亦是一种局限（图 6-10）。

图 6-10　保守配色方案示例二

（二）色彩融合——点缀配色法

因为点缀色存在面积劣势且与其他色彩差别较大，所以如何将其融入空间并发挥点缀作用是我们首要考虑的问题。在实际应用中一般采取两种配色方法，详细内容见表 6-4。

表 6-4　点缀配色分析

点缀配色方法	应用方式	适用场景
面积法	增大单个点缀色块面积	深色、木色等
数量法（叠加法）	增加点缀色块数量	浅色、亮色等

简单举例，如图 6-11 所示，就是典型的面积法，通过增加配色面积加强视觉。图 6-12 则是数量法，成组构建预期。

图 6-11　面积法方案示例

图 6-12　数量法方案示例

面积法简单粗暴，数量法灵活多变。前者多用于处理色彩、视觉轻重平衡，后者通过相互配合呼应，让色彩体系更具整体性。色彩的表现并非以单一形式存在，它需要环境的衬托，也需要其他颜色的配合，有时小面积的单一颜色在空间中的爆发力仍旧巨大。

如图 6-13 所示，卫生间并未采用复杂的颜色装饰，仅用单一亮色点缀，配合光泽度高的材质，这种配色冲击让人眼前一亮。浅色基底加上高饱和度颜色的搭配，在极简设计中同样较为常见。

图 6-13　卫生间配色示例

四、空间配色常见误区

常见的空间配色经过多次实践后可以呈现更好的效果，但近几年随着大众需求的转变，部分常见配色也开始出现了弊端。

（一）琐碎的深色点缀

深色作为点缀色时，更多是一种视觉的强调，并不能像其他点缀色一样给空间带来活力、时尚的感觉，因此在运用深色时，应尽量将其注入生机；深色作为强调色时，不能过多、过杂，否则会将空间打乱，让空间失去设计重心。

深色作为轮廓色时，宜窄宜细，这更多出现在简约风格中。如果是门框、垭口，那么颜色就不能过深，即便是反光的金属垭口，也很难把控。如图 6-14 所示，设计初衷是想用深色实现高级感，可当深色元素变得繁多并堆积起来，视觉上开始目不暇接。这种散碎的深色同样会产生沉闷感，从而使得效果预期在落地阶段大打折扣，容易“翻车”。

图 6-14 深色点缀错误示例

正确的深色点缀应如图 6-15 所示，深色的点缀较为克制，通过方形切割与直线条的搭配，让空间显得更加规整。在实践中，深色的运用要控制数量与面积，避免任何一项元素过多使用。

图 6-15 深色点缀正确示例

（二）突兀的反差色块

采取面积法设计点缀色时，一般会使用偏深的颜色，这时应该考虑的是色彩与空间的平衡关系。

如图 6-16 所示，左侧与中间是两块点缀色，其目的是为了搭配浅粉色墙面，通过色差制造空间层次感，但是由于颜色过深，且面积过大，缺少过渡，从而导致空间失衡。

图 6-16　面积法的错误示例

（三）繁杂的颜色元素

选用颜色时应结合整体空间与空间内其他元素搭配，当所用颜色醒目、单体颜色面积较大、颜色元素繁多时，要反复比较，谨慎使用。

如图 6-17 所示，沙发单品设计都很出众，但搭配失衡，导致空间内的颜色不成体系，颜色与材质繁多，进而导致整体空间难以协调。

图 6-17　繁杂元素错误示例

第二节 软装设计——设计中的锦上添花

一、家具的设计逻辑

沙发是家具中较为重要的角色，它既可以凭借自身体积作为空间搭配色的载体，也能与单椅、茶几等家具配合，参与规划空间动线。

我们需要明确一个基础概念，那就是在设计中，沙发不是产品，而是空间组成元素。沙发的选择，基于效果预期，形状与视觉是主要考量因素（表 6-5）。

表 6-5 沙发形状特点分析

沙发形状	特点	搭配倾向	风格倾向
一字形	搭配灵活，适合小空间	单椅、茶几	现代、混搭、原木、北欧
L 形	有重量感，可约束空间	单椅、边几	现代、意式等及其衍生空间
组合型	较为稳重，强调客厅重要性	组合	中式、法式、美式
设计型	外观时尚，可作为空间重点	茶几	现代、混搭（大空间）

其中，一字形沙发不建议太过方正的布置方式，一般搭配茶几和单椅，因为形状简单，所以在搭配上须更加灵活，多受到混搭风的青睐。

在现代风格主导的大空间设计中，也会采用“1+1”的搭配方式，即长短两个一字形沙发组合设计，此类情况多采取“一进一退”的搭配方式，强化一个（多为长沙发）、弱化一个，实现视觉的松弛感（图 6-18）。

L 形沙发搭配边几效果更好，具备设计感的同时还可以释放客厅活动空间，而搭配传统茶几就很容易导致空间过满，对活动空间的压缩是不可取的（图 6-19）。

组合型沙发一般出现在以文化支撑的风格空间以及现代风格的大空间设计中。以组合的形式出现，更有利于气势的营造，提升正式感的同时凸显客厅在整个空间中的重要性。在实践中，越正式的风格，越需要考虑主客关系与动线的合理性（图 6-20）。

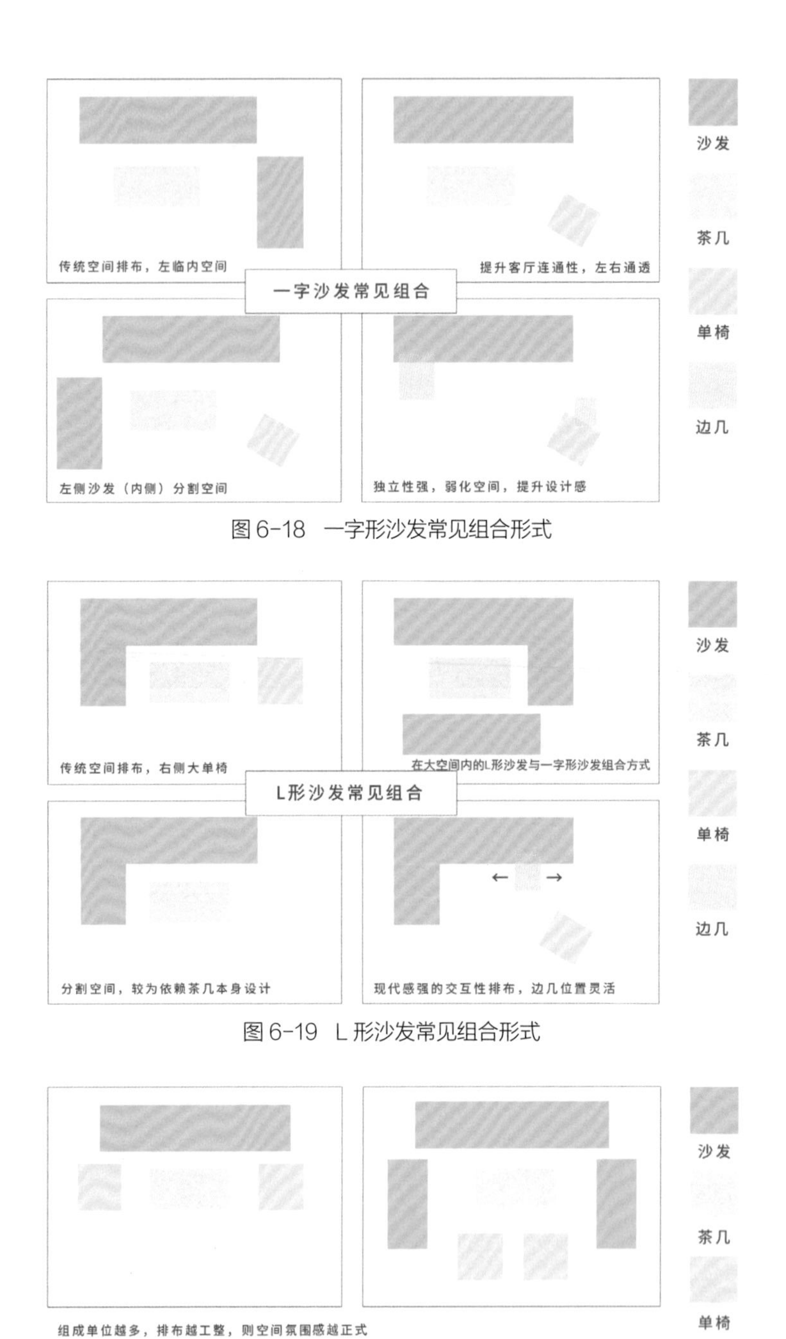

图 6-18　一字形沙发常见组合形式

图 6-19　L 形沙发常见组合形式

图 6-20　组合型沙发常见排布形式

设计感越强的沙发，越需要中置来突显效果，同时对空间面积也更加依赖。设计型沙发的空间关注度更高，一般与之搭配的家具都会通过“退”的方法来凸显沙发。因此，设计型沙发搭配的茶几包括其他家具都相对更常见（图 6-21）。

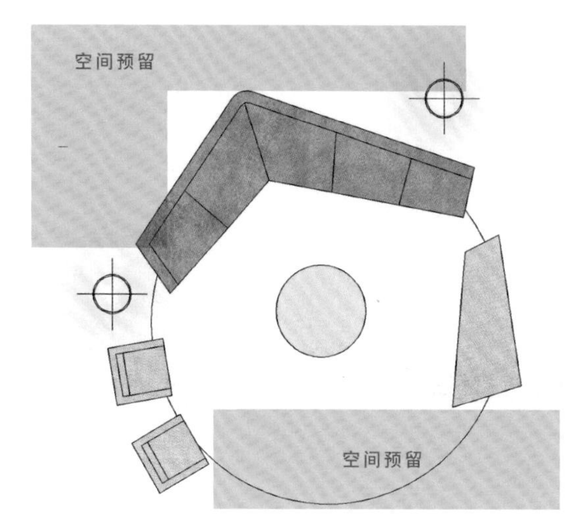

图 6-21　设计型沙发常见排布形式

除整体形状外，沙发的样式也会影响视觉感受。比如，带脚沙发与落地沙发就有很大的区别。因为带脚沙发的视觉感较轻、设计感较强，所以比较适合复古、轻奢、现代风格的室内空间。而落地沙发由于视觉感较重、兼容性较强的特点，所以通用性较高，适合大多数的设计风格。

除此之外，带脚沙发相较于落地沙发，会有一种更为精致、优雅的感觉。带脚沙发重心较高，同样的高度下，带脚沙发的视觉高度更占优势，但在层高较低的空间中落地沙发的适用性则更强（图 6-22）。

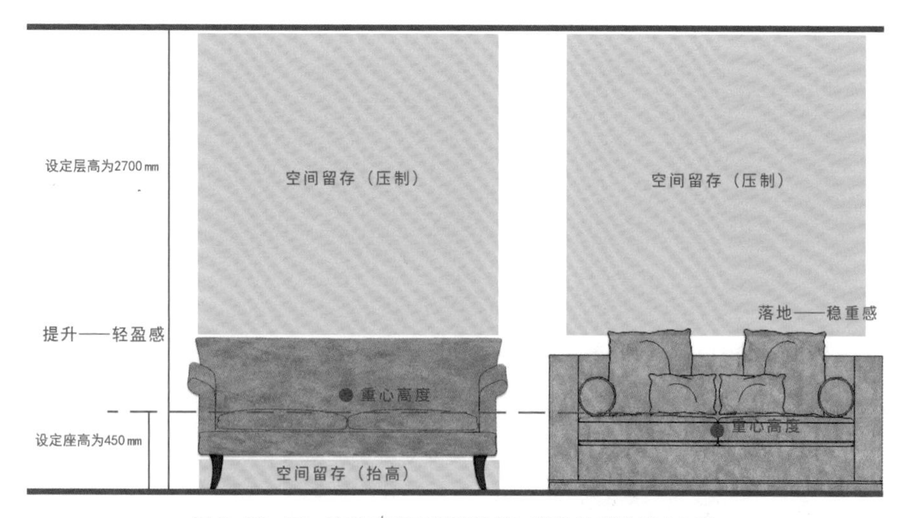

图 6-22　同一座位高度下带脚沙发与落地沙发的重心对比

这种情况放在单椅、床和单柜上也是一样的。有脚的总是更精致优雅，这也是悬浮床具备强烈视觉冲击力的原因。如图 6-23 所示，同色系下不同类型的床视觉差异十分明显。因此，我们有时不得不考虑，这个位置的家具是更偏向于展示还是日常使用。

茶几与沙发很多时候都是互补关系，如规整的沙发一般搭配圆形的茶几，落地沙发不建议搭配过于沉重的茶几。搭配的多样性与呼吸感同样重要。

图 6-23　不同类型的床视觉差异对比

近几年，互动式空间受到年轻群体关注，客厅空间被一定程度压缩，这时沙发的选择应趋向精巧。

二、材质的影响

因为物品的质感大多是由其材质所决定的，材质的概念贯穿着整个装修流程，覆盖范围广且对落地效果产生直接影响，所以这是重要的一环。我们在选择软装物品之前，就应该对所需质感有相应的预期，选择不过是将预期实现的过程。

（一）布艺材质

图 6-24 所示是几种常见的布艺材质。

图 6-24　布艺常见材质

不同的材质优势、劣势不尽相同，具体内容见表 6-6。在实际应用中，床品、沙发罩垫更倾向于使用纯棉与涤棉材质，餐桌布更倾向于具有抗污性、易清洗的性能，书桌布要亲肤、耐磨且不易起球。

表 6-6 布艺常见材质特点分析

材料分类	材料特性	优势	劣势
纯棉面料	天然材料，以棉花为原料的纺织品	触感舒适，吸湿透气，耐热耐碱	易皱，易缩水，易变形
真丝面料	天然材料，以蚕丝为原料的纺织品	亲肤性好，透气性好，易染色，抗紫外线	对洗涤养护有要求，成本高，易老化
亚麻面料	天然材料，以亚麻纤维为原料，强度最高的天然材料之一	强度高，易染色，纹理感强	易皱，亲肤感较弱
聚丙烯腈纤维面料（腈纶）	以聚丙烯腈纤维为原料的合成纤维，俗称“人造羊毛”	强度高，弹性良好，触感柔软，耐光，耐酸，耐氧化	吸水性较差，耐磨性较差，耐碱性较差
聚酯纤维面料（涤纶）	以聚酯纤维为原料的合成纤维，应用广泛	不易变形，强度高，弹性好，耐磨，抗光，色牢度高	吸水性较差，容易起球
涤棉	以 65% ~ 67% 涤纶和 33% ~ 35% 的棉花混纱线织成的混纺织物，俗称“的确良”	易洗快干，面料相对柔软，不易褶皱，色泽鲜艳，成本低	吸水性较差，易产生静电，容易起球

注：涤纶是人工绒布的原材料，其中涤纶与棉花的比例与涤棉的比例正好相反，其属性更偏向棉织物。

（二）窗帘与纱帘

相比于其他物品，窗帘的选择更加复杂，我们在兼顾质感的同时还要看遮光性与材质在空间中的表现（表 6-7）。

表 6-7 窗帘材质特点分析

材质	特点	风格倾向
棉麻	天然材料，以吸水、透气性见长，但垂度差、易起皱的弱点导致其作为窗帘不能过薄，也不适合潮湿地区	原木风、侘寂风、温馨感、清新感等
化纤	以涤棉（棉涤）为主，有较强的抗皱性与耐磨性，垂度较好，但质感和通透性稍差，凭借性价比优势在中等布艺窗帘市场占据主导地位	现代风、混搭风、工业风等
绒布	细化种类繁多（如天鹅绒、法兰绒等），质感厚重、垂度好、抗风保暖、视觉感较为华丽，但表面容易吸灰且因厚重不好清洗	美式风、复古风、温馨感

续表 6-7

材质	特点	风格倾向
真丝	质感好、触感柔软、光泽度佳，需要遮光内衬，成本相对较高，但效果出色	法式风、意式风、轻奢风
百叶	多为 PVC、铝合金材质，百叶窗为垂直开合，进光量灵活可调，防水性与通风性较好	现代简约，一般用在办公、厨房、卫生间、储物间等局促空间
竹帘	典雅自然、环保透气，开合方式有推拉、卷帘、折叠三种，推拉帘实用性较强，卷帘开合方便，折叠帘设计感强	中式风、日式风、南洋风、原木风、侘寂风

近年来，作为辅窗帘的纱帘也慢慢成为设计必选项，有时客户纠结于材质，作为设计者须给出建议，图 6-25 所示是纱帘的几种常见种类。

图 6-25　纱帘常见种类

在纱帘选择中，我们考虑的一般为厚度与垂度，也就是透光度与工整度。轻质飘逸的纱帘适合多数风格，如果空间严肃、规整，应选择垂度好、不易起褶皱的材质。至于鱼骨纱或蕾丝纱，本质是装饰花纹，如果空间装饰饱和再加上窗帘与纱帘图案的组合，大概率会导致装饰元素繁重，反而适得其反（表 6-8）。

除材质外，我们还需要考虑纱帘的颜色，白色、灰色还是暖白色抑或是浅黄色，都要依照基础色进行选择。

表 6-8　纱帘材质特点分析

类别	材质	特点
布料	麻纱	多为纯棉纱，部分为棉麻混纺，有明显的纹理感，厚度选择空间较大
	金刚纱	垂感好，易清洗，防勾防刮，厚度选择空间较大
	幻影纱	质地偏厚，垂感好，透光性差，造价略高
	雪纺纱	质地轻薄，易抽丝，垂感较差
	天丝绒	触感柔软丝滑，垂感一般，易抽丝
纺织	百叶纱	视觉观感较为规整
	鱼骨纱	光影美观，遮光性差
	蕾丝纱	本身具有花纹，可以营造空间风格

注：与窗帘相比，纱帘的造价不高，价格相差也不大，实际效果亦然。

（三）皮革材质

皮革经常运用在背景软包、沙发桌椅、艺术陈设等位置，凭借自身质感优势，经常作为空间装饰的升格元素，图 6-26 所示是皮革常见的几种类型。

图 6-26　皮革常见种类

当下皮革商品细化种类繁多，这是商家抢占市场份额的基本方式。而从设计角度来说我们需要关注的是面料质感，只要能实现预期视觉效果，材料是磨砂布还是磨砂皮，并不重要。

除此之外，成本、磨损寿命等因素，需要根据预算与活动频率进行考量和取舍，这里就不一一列举了，具体分析见表 6-9。

表 6-9　皮革材质特点分析

分类	特点	代表商品	风格倾向
表面压纹	在皮革表面压出多种纹路，提升纹理感，分单色压纹与双色压纹	荔枝纹、羊仔纹、鳄鱼纹	—
打蜡仿古	在皮革表面喷涂棕色或古铜色染料，然后进行打蜡打磨，有一定光泽的为油蜡皮，光泽性不佳的为蜡皮，多次打磨使颜色脱落为仿古皮	油蜡皮、蜡皮、仿古皮	复古风、侘寂风
高温漆皮	在皮革表面喷涂漆皮树脂，镜面板高温压制，具有颜色鲜艳、高反光的特点	彩漆皮革	复古风
珠光涂层	在皮革表面喷涂金属珠光粉、色膏等物质，使皮革呈现微金属光泽，做工质量差的皮革易氧化脱落	金属珠光皮	现代风、工业风
磨砂处理	将皮革表面抛光、打磨，露出纤维面或翻毛处理。磨砂皮绒感较弱，翻毛皮绒感较强	磨砂皮、翻毛皮、绒面皮	侘寂风、原木风

注：真皮质地柔软、颗粒清晰、光泽自然，绵羊皮更以柔软亲肤、触觉出色见长，人造皮革中超纤皮强于 PU 皮革，优于 PVC 软包皮革。

（四）装饰挂画

挂画既能作为空间附属装饰存在，也能作为独立陈设出现，这种装饰特性是其他陈设少有的。作为附属装饰挂画，可以并入空间补齐完整的色彩体系；作为独立软装挂画，可以丰富空间装饰。

在实践中，一般根据空间风格与屋主喜好与文化偏向来选择画作，但需要基于以下 2 点原则。

1. 保持简单

挂画需要简单，这种简单是让观看者一眼就能看懂画面的内容，再看又不会因为简单而觉得枯燥。要给人一目了然的清晰感，简单的作品不能单调，复杂的作品不能繁复。

2. 装饰重于具象

在实践中，画作作为空间的补充，一般是后期调整的结果。是具象还是抽象要根据整体空间而定。图 6-27 所示为偏暖色的轻原木现代空间，在这个空间内，画作作为空间元素点缀空间，但画作本身对我们视线的吸引力有限。

图 6-27　抽象挂画效果

如果换作风景画或人物画，它的空间比重一定是提升的。灯光与其他设计也要适当迎合，这是抽象与具象的一个区别，具象以装饰为目的，但得到的效果是多方共同促成的。

与空间相衬的画作更多是一种融入，反之则是一种碰撞，碰撞得越激烈所得到的结果越不一样，配色同理，其中尺度需要设计者慢慢摸索。

小 结

配色与软装搭配是空间视觉的主导，受现代建筑思想的影响，导致当下大多数设计趋向简约，所以在实践中一定要注意。小空间尽量避免复杂搭配，包括但不限于颜色、装饰、纹理、材质。大空间则一定要考虑层次性与视觉支撑，这是入门时就应该养成的设计思维。

第三节 灯光设计——氛围营造的基础

关于灯光设计我们需要掌握的有三点，空间照度、灯光点位和照明效果。至于其他，或是为了让我们更好理解，或是为了灯光设计的多样化应运而出的。与之前的知识点不同，灯光设计水平的提高需要更多的经验积累。

一、灯光设计基础

（一）灯光的种类

我们需要从不同视角了解灯光的种类，才能准确地将合适的灯光运用在相应的位置上。我们从灯光的功能性视角切入进行分析（表 6-10）。

表 6-10 灯光功能分析

类型	功能偏向	定义	应用
照明光	主照明	一般为整个空间的主要光源提供者	主灯、射灯、（强）隐光
氛围光	偏环境	一般为空间情境、环境层次、氛围营造的辅助光源	壁炉、（弱）隐光
装饰光	偏功能	灯光本身一般具有装饰性，或为其他装饰物提供照明的光源	装饰灯具、挂画灯、陈设灯、投影灯

根据表 6-10 的分析可以将灯光进行进一步的分类，就可以得到表 6-11。

表 6-11 灯光性质分析

类型	性质	作用	设计倾向	应用
直接光	直射光（硬光）	直接照射于作用面，更多作为主光源，强调光源使用	空间光线的强弱照明	主灯、射灯
间接光	散射光（软光）	通过反射、折射、造型等方式实现光的软化，使得光线更加均匀	空间光线的层次造型	隐光、装饰灯

间接光也可以理解为并不直接照射作用面的光源，比如一个射灯为墙壁投光，作为装饰存在，那么它就是间接光，为空间提供散射软光。

图 6-28 是灯光位置的细化示意。

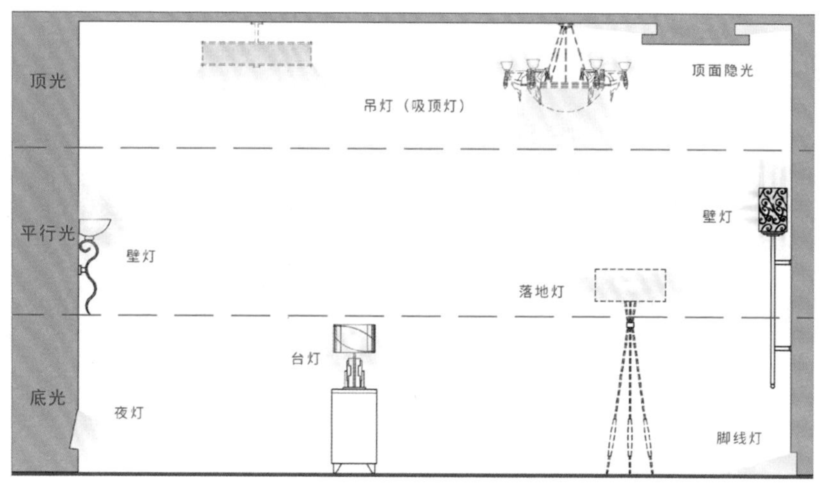

图 6-28　灯光位置示意

（二）灯光基本参数

灯光设计中有 5 个参数比较重要，分别为亮度、照度、色温、显色指数与光效。下面我们进行分组讨论。

1. 亮度与照度

亮度与照度是光的直接反映。不同的是，亮度是发光点的明亮度，单位面积的光强。而照度是指受光面的明亮度（图 6-29）。

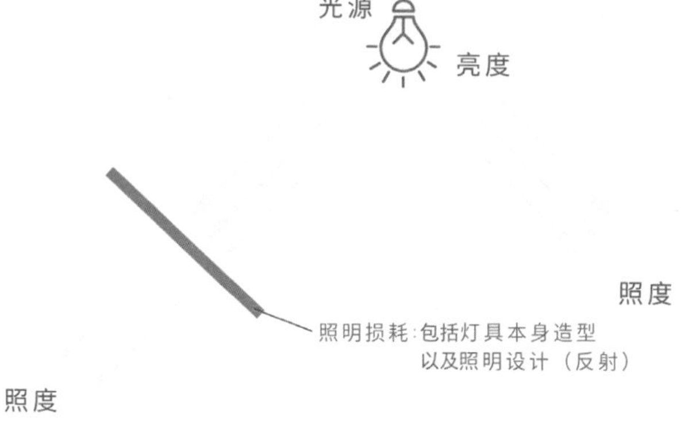

图 6-29　灯光亮度与照度的区别

2. 色温

色温用于描述光线中所含颜色的属性，其单位为开尔文（K）。色温不同，散发的颜色也不同，色温越低显示出来的光的颜色越黄、越橙，色温越高显示出来的光的颜色越白、越蓝。

不同色温会呈现不同的颜色，我们可以利用这种颜色差异辅助配色来实现空间氛围的营造（图 6-30）。

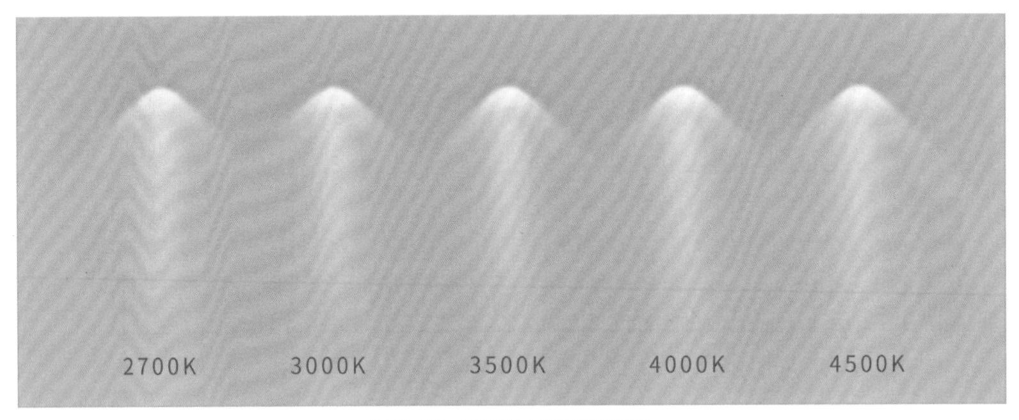

图 6-30　不同色温的颜色差异

所以，在设计中，色温的准确选用是达成预期照明效果的前提条件。如果以正午日光的色温 5 000 K 为标准去判定，2 700 K 和 3 000 K 都是暖光，那用哪一个更合适呢？在实践中，3 500 K 应用较多，本身容错率较高，可以将其设定为中性色温标准，进行分析（表 6-11）。

表 6-11　不同色温下空间、风格参考

色温 /K	说明	空间参考	风格参考
2 700	暖光，一般在设计中是可以选择的最低色温	吧台、餐厅	经典中式、侘寂
3 000	偏暖光，可作为大面积照明光，营造暖色氛围	卧室	原木、轻奢
3 500	一般被设定为中性色，微暖光，但无法实现优秀的氛围营造	客厅、公共空间	现代
4 000	偏白光，可作为大面积照明光，亦可作为单空间功能照明	厨房、卫生间	清新风
4 500	白光，一般作为单空间或者点位功能照明	办公空间、展示间	极简

在表 6-11 中，3 000 K、3 500 K、4 000 K 都可参照空间氛围，作为空间主色大面积使用；而 2 700 K 与 4 500 K 的设计与落地存在较大出入，需要设计者反复推敲，慎之又慎。

色温同样遵循统一性，同一设计情境中，基于空间功能的设计条件应取相同色温，搭配与之相协调的空间配色，以实现空间视觉颜色的统一。

3. 显色指数

在实际应用中，亮度、照度、色温是在设计阶段考虑的，而显色指数与光效则是在选择灯具时决定的。

显色性是光线对物体颜色呈现的程度，通常用显色指数来表示。在设计中，我们需要保证功能性光源有较好的显色性，如大空间中的书房照明，局部的画作照明，甚至部分陈设照明（表 6-12）。

表 6-12 显色指数实际应用

显色指数（R_a）	等级	显色性	应用
90 ~ 100	1A	优良	色彩需要精准对比的空间（画室、挂画照明）
80 ~ 89	1B	中等	色彩需要正确判断的空间（客厅、卧室等大部分空间）
60 ~ 79	2	普通	需要中等显色性的空间（衣帽间、厨卫空间、玄关等）
40 ~ 59	3	一般	对显色性要求较低、色差较小的空间（储物间、车库）
20 ~ 39	4	较差	对显色性无具体要求的场所（室外照明）

4. 光效

光效是发光效率，受灯具质量、灯具造型等因素影响，同样是需要考虑的参数，优先级稍低。

如果从重要性的角度将以上 5 项进行排序，那么依次为色温、照度、显色、亮度、光效。

（三）照度计算与量化设计

照明设计的本质是照亮空间，光路造型与氛围效果是其附属品。而实际应用中预期和落地存在着“不短的距离”，有些时候我们需要通过计算获得数据（图 6-31）。

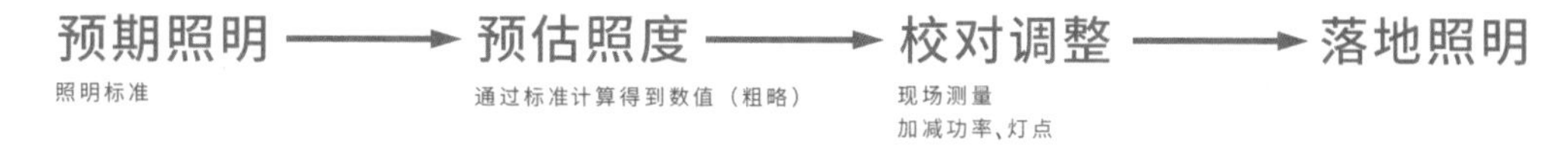

图 6-31 照度计算流程

表 6-13 为常见空间照度标准值。

表 6-13 常见空间照度标准值

<table>
<tr><th colspan="2">房间（场所）</th><th>参考平面高度</th><th>照度标准值 / lx</th><th>显色指数（R_a）</th></tr>
<tr><td rowspan="2">起居室</td><td>一般活动</td><td rowspan="7">地面上方 0.75m 处的水平面</td><td>100</td><td rowspan="2">80</td></tr>
<tr><td>书写、阅读</td><td>300*</td></tr>
<tr><td rowspan="2">卧室</td><td>一般活动</td><td>75</td><td rowspan="2">80</td></tr>
<tr><td>床头、阅读</td><td>150*</td></tr>
<tr><td colspan="2">餐厅</td><td>150</td><td>80</td></tr>
<tr><td rowspan="2">厨房</td><td>一般活动</td><td>100</td><td rowspan="2">80</td></tr>
<tr><td>操作台</td><td>台面</td><td>150*</td></tr>
<tr><td colspan="2">卫生间</td><td>地面上方 0.75m 处的水平面</td><td>100</td><td>80</td></tr>
<tr><td colspan="2">电梯前厅</td><td rowspan="4">地面</td><td>75</td><td>60</td></tr>
<tr><td colspan="2">走廊、楼梯间</td><td>50</td><td>60</td></tr>
<tr><td colspan="2">车库</td><td>30</td><td>60</td></tr>
<tr><td colspan="2">宿舍</td><td>100</td><td>80</td></tr>
<tr><td rowspan="2">老年人卧室</td><td>一般活动</td><td rowspan="4">地面上方 0.75m 处的水平面</td><td>150</td><td>80</td></tr>
<tr><td>床头、阅读</td><td>300*</td><td>80</td></tr>
<tr><td rowspan="2">老年人起居室</td><td>一般活动</td><td>200</td><td>80</td></tr>
<tr><td>书写、阅读</td><td>500*</td><td>80</td></tr>
<tr><td colspan="2">酒店式公寓</td><td>地面</td><td>150</td><td>80</td></tr>
</table>

注：* 指混合照明照度。

一般来说，功率为 1W 的品牌 Led 灯，光通量可以达到 100 lm 以上，5 W 的 Led 灯一般可以达到 350 lm 以上。

非标准空间中变量较多，此方法存在误差，实践中建议根据现场情况校对调整。

二、灯光的产生与落地

本小节为灯光重点部分，主要从光的产生与光在空间中发挥作用两方面来分析。

（一）常见的灯具种类

表 6-14 为灯具种类分析。

表 6-14　灯具种类分析

种类	性质	说明
吊灯、吸顶灯	主照明（点光、范围光）	一般为空间主要照明，多为范围光
射灯	辅照明（点光）	单点照明，用作辅照明或提升装饰氛围
筒灯	辅照明（范围光）	可用于车库、厨房等空间作为照明光源
线形灯	装饰光	作为装饰灯具（明装）用于装饰顶面、墙面、收口（家装慎选）
灯带、灯管	装饰光	一般用在隐光预埋
搁板灯	功能光、装饰光	深色开放格除搁板灯外还需要外补光
轨道灯	组合光	少于 3 个灯点不建议安装轨道灯

（二）常见灯光装饰效果

了解灯具种类之后，将设计与灯具结合可以实现照明效果，图 6-32 所示是常见灯光在空间中的照明效果。

图 6-32　常见灯光在空间中的照明效果

表 6-15 为灯光特点分析。

表 6-15　灯光特点分析

特点	性质	灯具选用	补充说明
整体投光	洗光	灯带、灯管、射灯（组）	常见于洗墙照明，提升空间宽阔度，增强立体效果
局部投光	光斑	射灯	多见于射灯的墙面投光，强调墙面材质或加强光影效果
轮廓照明	轮廓光	线形灯	勾勒轮廓，强调装饰或加强空间的延伸性
透光照明	内透光	灯带、灯管	光线透过透明或半透明材质，以实现空间感及通透性

灯光效果基本脱离硬装，更多表现在灯具本身，用灯具强调空间元素，但不会要求硬装去迎合灯光。

如整体投光，在实践中体现为墙面洗光灯，常见于现代风格的空间，其作用是提升空间质感，因为具有良好的视觉冲击，所以在工装设计中也经常见到。

局部投光获得光斑的设计手法在实践中屡见不鲜，在获得光斑的同时也为空间提供了部分照明。但是在实际运用时需要参考平面与软装搭配。

轮廓照明在建筑中较为常见，室内空间中体现在搁板与线形灯照明。近年来线形灯使用频率较高，要注意灯具对人眼的刺激。

透光照明和隐光类似，都是氛围感的营造者，透光在实现材质通透性的同时，也能改变物品的感官颜色。

三、灯光设计基本法

灯光设计可以分为功能性与装饰性两种，如图 6-33 所示。在功能性与装饰性的类目下继续细化，根据需求进行分类组合，就能满足所需设计。

这里有两种基本布光法，叠加法（混光）和主辅法（单光）。

叠加法：单光 *X*、*Y*、*Z* 都对空间有明显的照明作用，但单独一项不是决定性的照明。

主辅法：在单光 *X*、*A*、*B* 中，只有 X 是照明的主要提供者，*A* 和 *B* 则是作为营造空间氛围的装饰光。

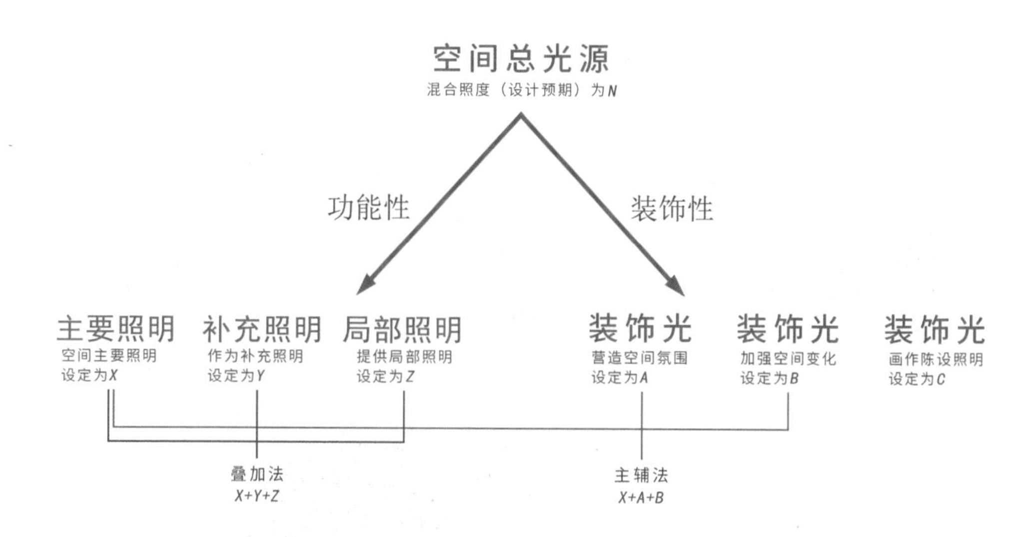

图 6-33　基本布光法示意

图 6-33 仅为举例说明，理论上只要空间足够，细化的分类是无限的，我们所得到的灯光搭配种类抑或是空间情境也是无限的（图 6-34）。

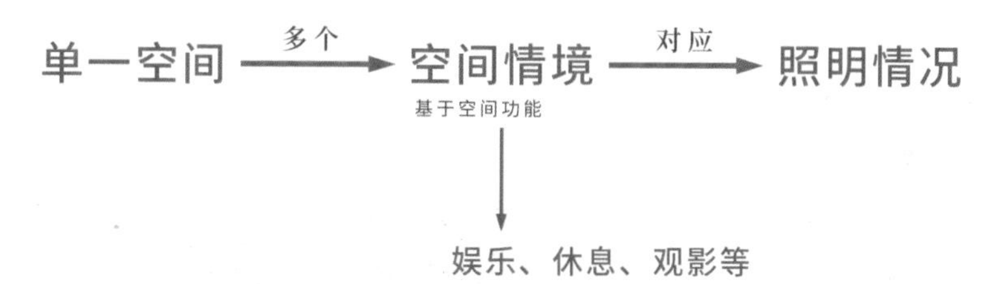

图 6-34　空间足够情况下空间情境简析

一个空间可以有多个情境，每个情境有单独的照明设计，那么单个光源存在重复的使用，情境之间也存在互相覆盖的情况（图 6-35）。

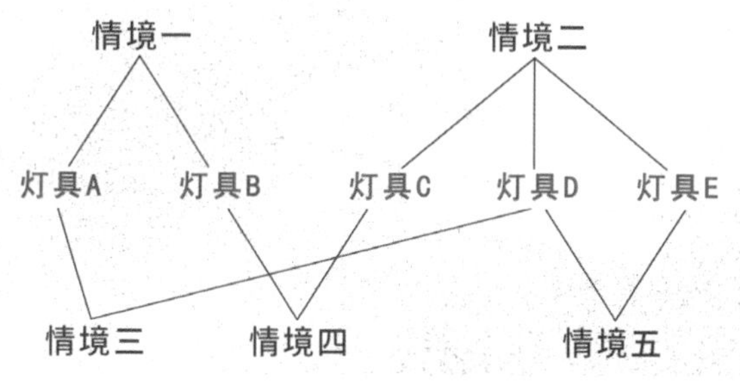

图 6-35　单空间多情境下的照明设计

图 6-36 为无主灯照明设计案例的日常情境，图中的 1、2 为空间照明的主要提供者，3、4 为补充照明，5、6、7 则为装饰照明。

图 6-36　日常情境下的无主灯照明设计

而模拟休息情境时，轨道灯开启，条形灯提供局部照明，射灯打亮光斑，与其他装饰灯配合达成光影氛围（图 6-37）。

图 6-37　休息情境下的无主灯照明设计

模拟观影情境时，背景墙隐光开启，亦可以选择开启部分装饰灯。实际设计时，电视由于亮度高，需要背景照明，投影则无严格要求（图 6-38）。

图 6-38 观影情境下的无主灯照明设计

当仅为单椅提供照明时，落地灯与单控射灯都可以满足。

虽然布光方式多种多样，但设计目的是一致且明确的。在实践中，我们应遵守布光的基本法则有：

（一）照明基于功能

在传统照明设计中，主照明与辅照明都是以照明为唯一目的。不建议在功能性中掺杂任何装饰的成分。

在无主灯的照明设计中，所有照明点位都是为了受光物品而存在的。同时根据不同物品的属性来调整照明亮度、灯具角度等变量。

无主灯设计不是为了无主灯而无主灯，而是为了灯光设计的便利与简约。如图 6-39 所示，虽然看似无主灯，但实际上还是主灯照明的设计框架。所以，绝大多数的无主灯设计的灯光点位都是不规则的。

图 6-39　无主灯照明设计的错误思维

（二）效果在于控制

灯光的控制一方面体现在单灯灯控，在预算允许的情况下控制单灯亮度，增加灯种数量。控制越多越容易构建层次，所得的灯光效果也就越细腻。除此之外，还能提高设计整体的容错率。

另一方面体现在光路的控制，隐光效果受预埋方式影响，射灯的覆盖范围受光束角影响。在实践中，影响隐光效果的因素主要是光源种类与预埋方式（图 6-40）。

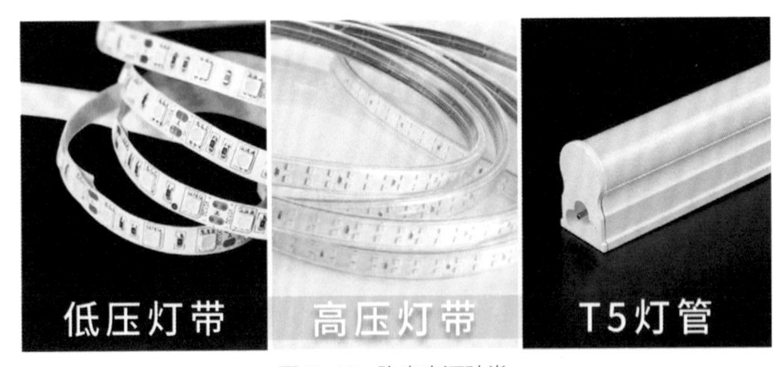

图 6-40　隐光光源种类

表 6-16 为隐光光源种类分析，根据表中分析可知低压灯带更容易实现氛围感的营造，在家装中使用居多。

除成品型材灯带外，所有隐光我们都需要进行设计把控，即深化图纸与现场交底相结合。根据不同的效果预期来选择不同的隐光设计。

在预埋中，根据光源（灯带）位置，可以简单将其分为底光、侧光和顶光以及光束角。

表 6-16　隐光光源种类分析

光源种类	优势	劣势	设计要点
低压灯带	低压安全，安装便捷，可塑性强	价格稍高，存在亮度衰减	需要考虑变压器的隐藏与检修
高压灯带	价格较低，亮度较高，长度优势	非安全电压，固定性稍差	工装居多，需考虑均匀性，低点放置时应防止误触
灯管（T5）	光线均匀，无变压器，安装便利，亮度高	不能弯曲，可塑性差	高亮度影响氛围，需要做间接光

1. 底光

如图 6-41 所示，将灯带固定在灯槽底部，上部为直接照射面，经过漫反射由硬光变为软光的同时，让光线变得均匀。这种预埋方式无明显光路，光线均匀自然，适合悬浮顶设计。

图 6-41　底光施工与落地参考

2. 侧光

侧光是将灯带固定于灯槽立面，在调整角度控制截止线位置的同时，保证顶面上部的反射亮度与作用面积。这种截止线清晰的预埋方式更适用于制作回字形吊顶的隐光（图 6-42）。

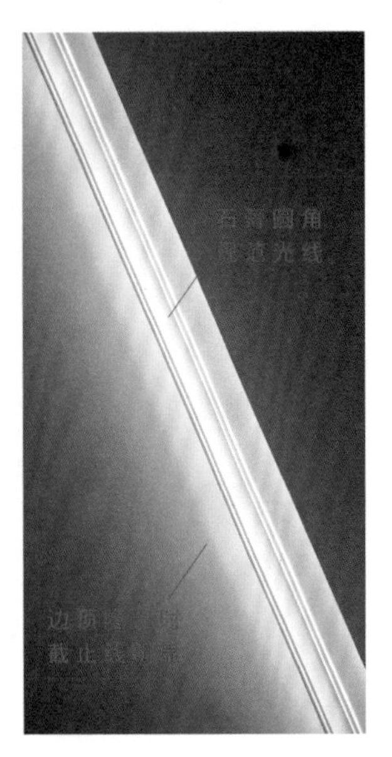

图 6-42 侧光施工与落地参考

3. 顶光

顶光多用于洗墙设计，将灯带固定于灯槽顶部，因为光线的直接照射，墙面会出现明显的光路，理想化角度是调整灯带位置，在不暴露 LED 灯珠的情况下，让截止线尽量下移到踢脚线上沿，以保证最优的洗墙效果（图 6-43）。

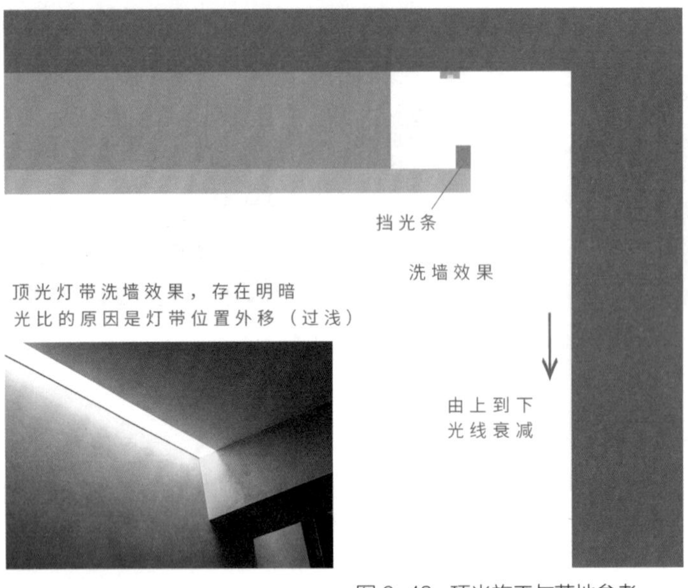

图 6-43 顶光施工与落地参考

如图 6-44 所示，在施工中，部分施工团队采用固定石膏圆角的工艺。这种工艺更加细致，让光线更加自然统一，同时也能在一定程度上掩盖墙体立面的瑕疵。

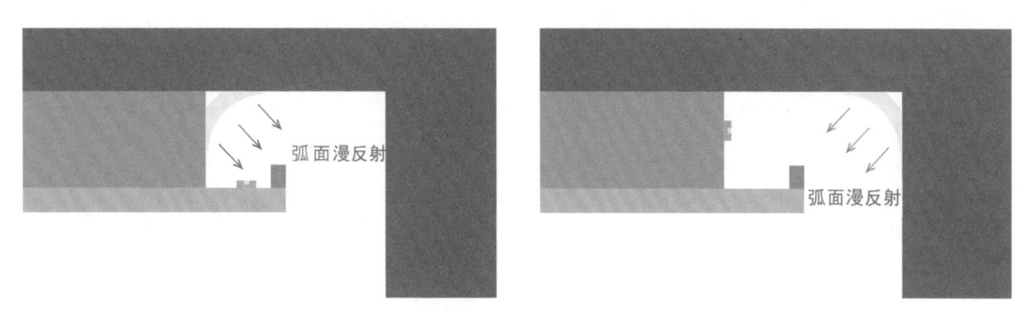

图 6-44　石膏圆角工艺的底光、侧光施工示意

在立面造型、墙板预埋中同样应避免光线的直接溢出，妥善利用漫反射来软化光线。

图 6-45 呈现了两种预埋方式，①显然更为恰当；②当灯珠暴露时，设计效果会大大降低，也可以理解为设计缺陷。

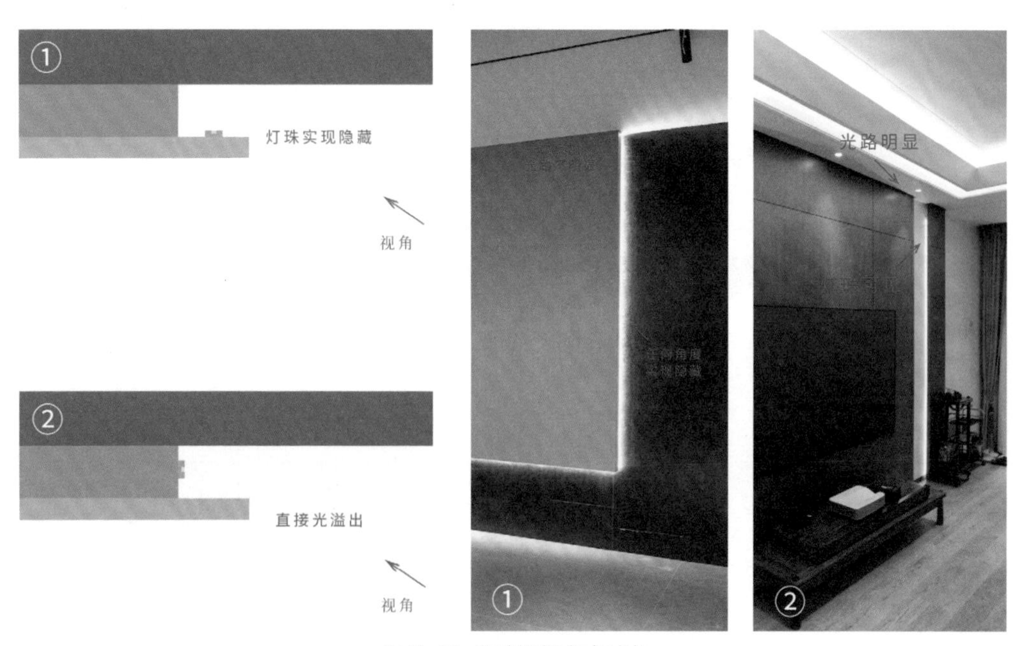

图 6-45　灯光预埋方式对比

隐光设计运用广泛，设计方式并不局限，唯一的原则就是要将灯带隐藏，灯珠在任何角度都不能出现在人的视野里。

4. 光束角

在实践中，常见的光束角为 15°、24°、36°、45°。光束角越小，光路越窄，明暗对比越强；光束角越大，光路越宽，明暗对比越弱（图 6-46）。

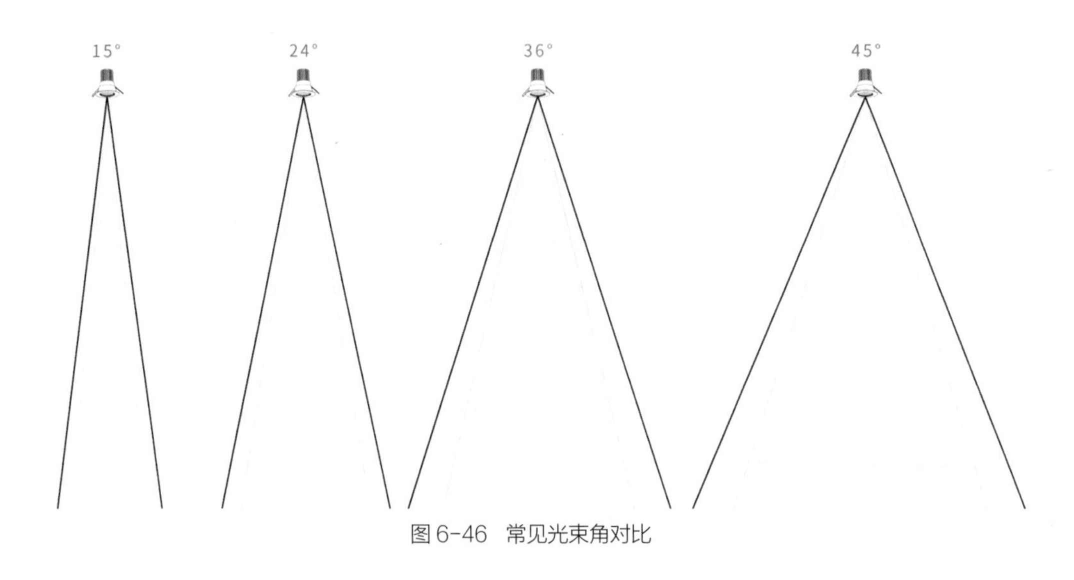

图 6-46 常见光束角对比

表 6-17 为常见光束角的使用场景一览表。

表 6-17 常见光束角使用场景

光束角	投射光斑（3 m 高度下直径估值）	使用场景
15 °	79 cm	小型陈设、盆栽
24 °	128 cm	茶几、餐桌、置物架外补光等
36 °	195 cm	背景墙、走廊区域基础照明等
45 °	249 cm	大空间的范围照明、厨房、卫生间、储物间等

光束角的量化无所谓正确与否，恰当的选择是为了更好地控制光路，避免由于光线溢出造成光污染。

对于光路或光斑，我们可以通过灯光点位与射灯角度进行调整，在实践中，选择可调整灯具无疑更为灵活。

（三）装饰归于空间

装饰光的照明作用有限，与其装饰性相比可以忽略不计。在实践中，我们将装饰照明归于整体空间考虑，挂画、陈设、展示等照明应与被照明物品视作整体来考虑。当局部投光时，光斑与空间的合理关系才是设计的关键。

如图 6-47 所示，很多时候我们将灯点、光路与空间三者统一规划，使整体协调一致。有时由于顶面与立面的不协调，或原始设计出现失误，很容易在此出现设计问题。

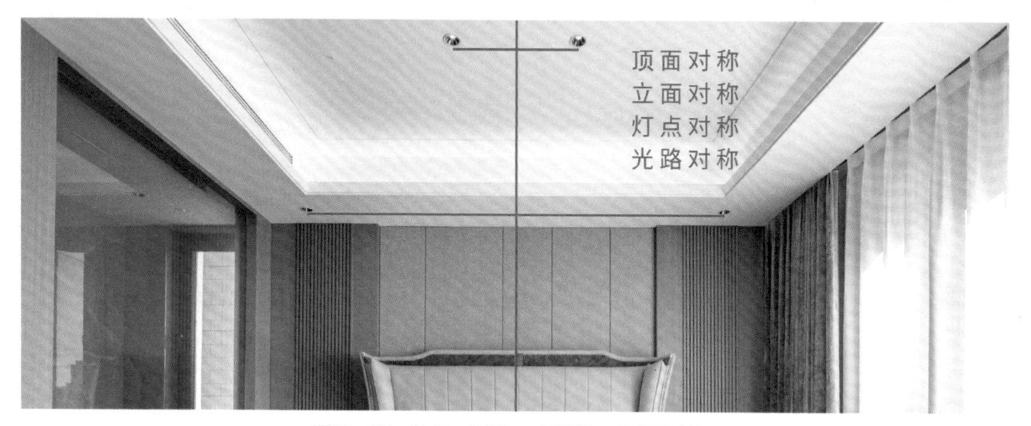

图 6-47　灯点、光路、空间统一规划案例一

如图 6-48 所示，灯点为回形吊顶的中点，但墙垛为非中心位置，造成光斑偏移，这时应该以视觉美观性为主，抛弃死板的对称性。图中案例大概率因为顶面、立面衔接不畅，从而出现问题。

图 6-47　灯点、光路、空间统一规划案例二

如图 6-49 所示，在现代风格中，可以用轨道实现空间平衡，轨道预埋与灯点相对分离，宜兼顾两者实现预期（图中不同色温不可取）。

图 6-49　轨道预埋案例

灯光与配色的不同点在于灯光的实现方法不止一条，而配色往往是单一的。虽然如此，我们还是需要规避一些基本误区。

1. 减少光污染

减少光污染要从两方面出发。一方面，从光源处减少无效光的产生与溢出，其本质依旧是对光的控制；另一方面，减少光线由于反射产生的二次污染。

前者通过降低单光亮度以减弱明暗对比，或利用第三方遮挡光线控制光路，抑或用深色特殊材料降低照度。

后者主要是减少亮面材质的不当使用，减少反射情况的发生。在必须使用亮面材质的区域，须控制光线角度，避免直射。

如图 6-50 所示，左侧柜体下方的灯光预埋形成了光污染，在类似设计时改变灯带方向是必要的。图中右侧我们可以看到对比，在亮光砖的反射下，吊灯的垂直光比隐光的反射更加明显。

图 6-50　家装案例中的光污染

2. 平衡明暗对比

这种平衡一般分两个方面，一方面是通过把硬光变软光的方式分散照明，另一方面则需要在特定情况下进行一定的补光。

如图 6-51 所示，整体空间颜色偏浅，设计者用深色置物架作为点缀，可在实践时，隔板灯难以为深色的板材提供足够的照明，这极大地影响到了置物架的展示效果。所以我们需要在外添加补充照明，比如射灯，来实现平衡。

深色物品需要更多的照明，同时也要实现置物架的功能性，想要两者同时实现，就更需要内外的明暗对比达到平衡。

图 6-51 家装案例中未考虑平衡明暗对比的案例

3. 避免设计损耗

因为灯光设计是空间设计中的一个分支，所以低成本、高回报的设计理念是不变的。除灯点定位清晰外，还需要保证灯具的选择正确。许多设计中刻意用高造价的轨道灯做造型、做对称、分割顶面，这是不恰当的。如果设计初衷是装饰，那么分割空间的方式多种多样，轨道灯大多时候都不是最好的选择；如果设计初衷是照明，那么轨道灯一定是服务于受光面的。

在图 6-52 中，走廊顶面预埋轨道灯，如果从成本上考虑，选择回形吊顶的成本是最低的。其次是选择传统射灯，也可以极为高效地压缩成本。

而在图 6-53 中，设计思维是典型无主灯设计套用主灯设计，点位重复，实际灯具种类单一，浪费成本。

类似思想大多是设计底层逻辑问题，一定要避免。新手很难把控的就是灯光的纯粹性，总想用照明光兼顾装饰的效果，或装饰光提供额外照明，这样的思想不出意外会造成照明混乱，得不偿失。

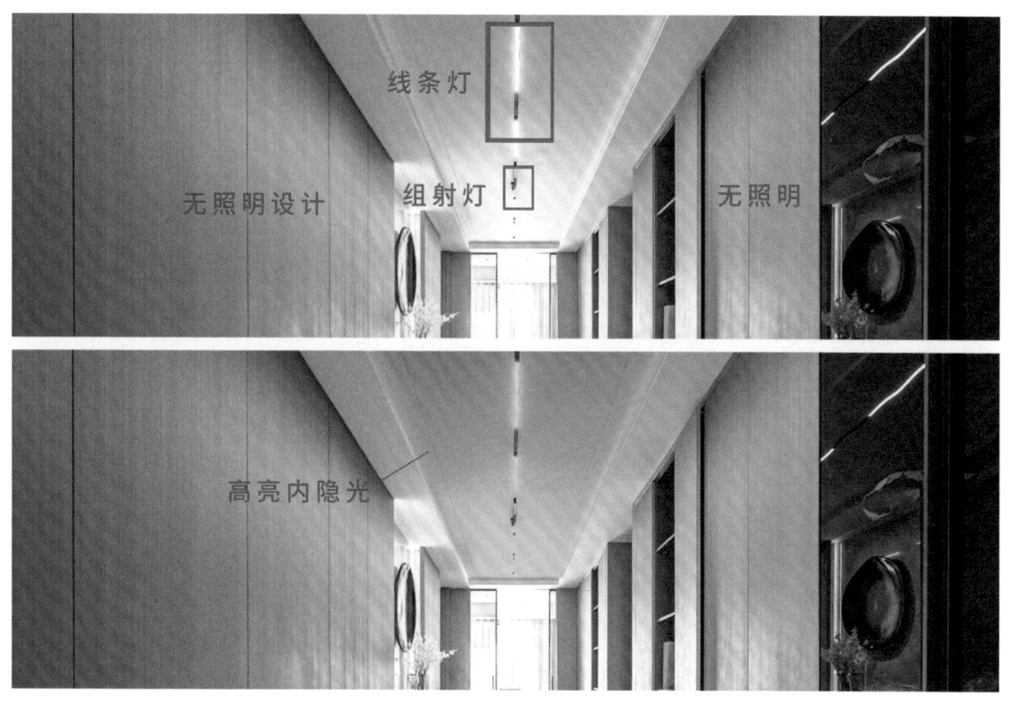

图 6-52　走廊照明案例修改对比

图 6-53　点位重复的无主灯设计

第四节 风格解析——形成原因与打造方式

一、风格的循环与变化

室内设计的风格是一个既重要也不重要的东西。很多人认为即使不懂风格，单纯靠着元素堆砌，也能得到八九不离十的效果，但真的是这样吗？想弄清这点，我们先来看看风格的产生与变化的过程（图 6-54）。

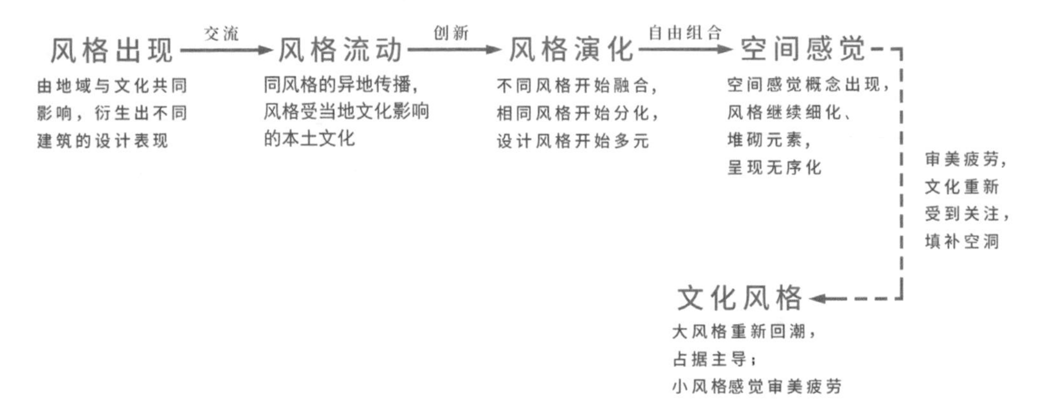

图 6-54 室内设计风格演变示意

风格由文化产生，在传播的过程中出现首次分化，同样的名字在不同地方的视觉表现存在差别，其本质是一种文化的融合。

而后开始创新，当你熟悉以后就会发现，所有的风格在演化的过程中会呈现两种方式，即自求与它求（图 6-55）。

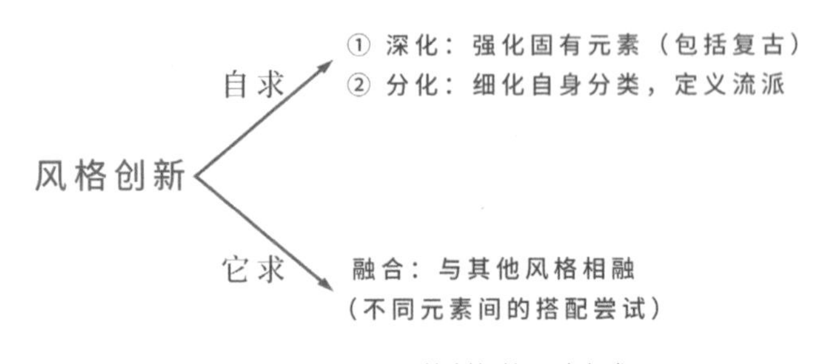

图 6-55 风格创新的两种方式

二、风格的分类与打造

（一）风格的分类

将风格进行划分，可以分为以主流文化为主导的大风格和通过演化或融合而成的小风格以及当下空间感觉思想下的感觉风格。

如图 6-56 所示，我们可以看到，从大风格到小风格再到空间感觉。细化的种类越多，界限越模糊，或者说分类越混乱。

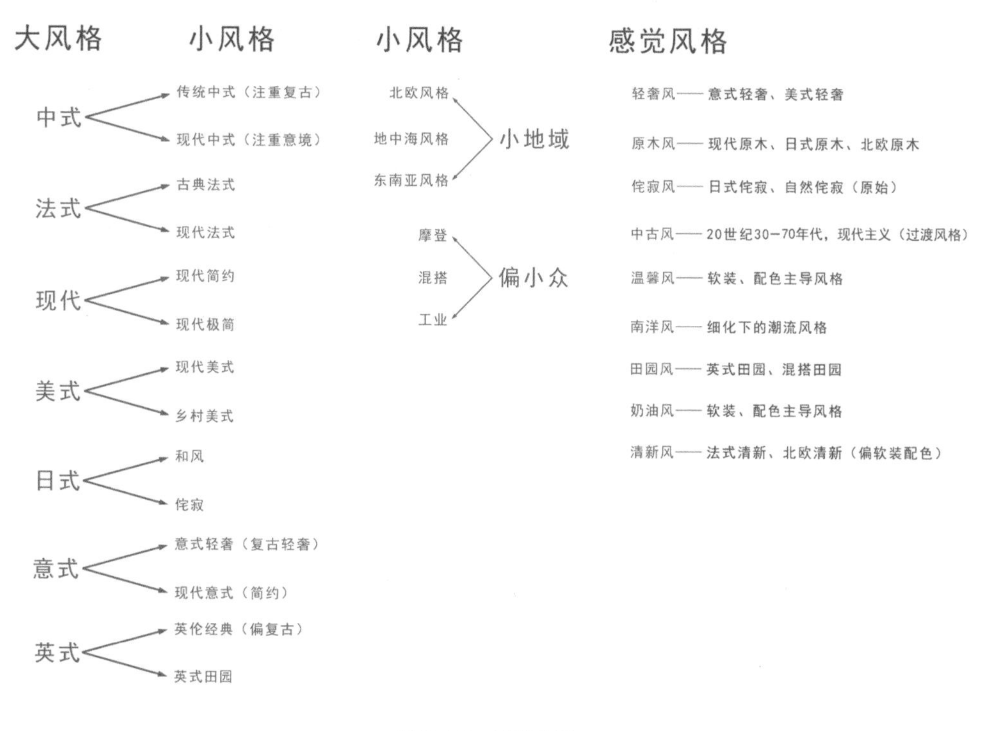

图 6-56　风格分类

因为当下风格愈发多元化，所以很多人把元素组合然后将其重新命名，在实践中，可以将其元素拆分，观其真正的设计内核（图 6-57）。

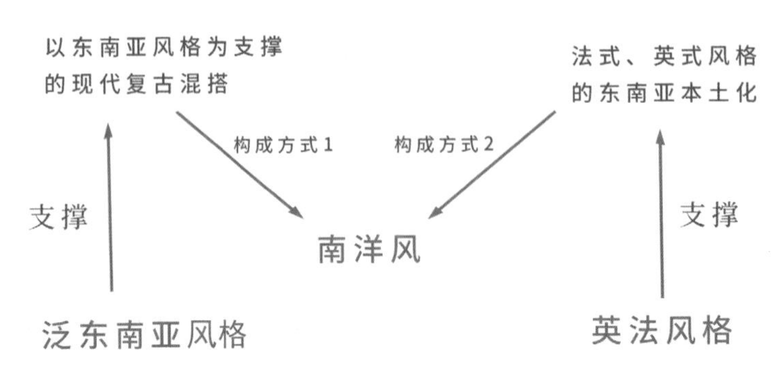

图 6-57　南洋风构成方式

经过风格拆解，就可以知道某种风格是真的创新，还是换汤不换药的“伪风格”。

当我们在营造风格时，一定要结合环境，如地域、受众和预算。有些风格需要高成本软装，如轻奢类的设计风格；有些风格需要复杂的轻工辅料造型，如法式、美式风格；甚至还有现代风格需要许多的弧线造型。许多感觉类风格是低预算的，也是一种对大众的迎合。

（二）风格的打造

在实践中，我们可以通过主次风格相结合的方式来营造空间。如图 6-58 所示，主调一般选取影响力强的风格作为支撑，变调可以选择其他小风格甚至是特殊元素进行搭配。

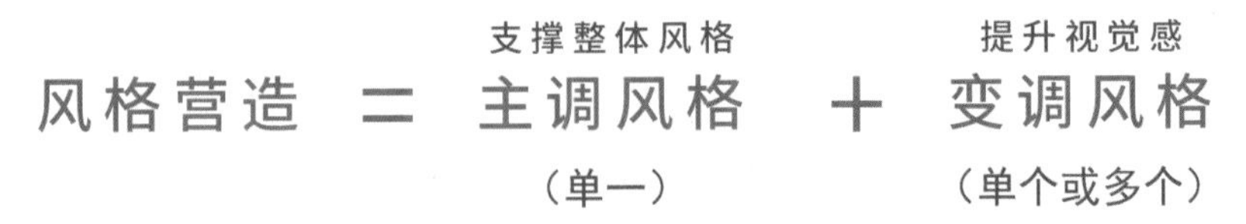

图 6-58　风格营造的基本方式

变调可以是单个也可以是多个，就当下而言，单一空间的风格很难只用两个风格来概括。一主调多变调是最常见的搭配方式，合理化的互相加持，可以让空间更丰富美观。

这种主辅思想在实践中实用性较强。原因就是，当下设计风格的多元化，混搭的感觉更被青睐，比如温馨感、自然感。

单一风格营造时，要注意风格的纯粹，如果想叠加元素，要么就用主辅法，要么索性做混搭，既要又要的思想不可取。

最后，依旧推荐以主流风格作为支撑。还是那句老话，当空间没有重点的时候，就算将所有高颜值元素都堆砌于此，乍见之欢也必然难以持久。